Labyrinth und Zahlenfeld

1 Welcher Eingang führt zur Tür? Zeichne einen Weg ein!

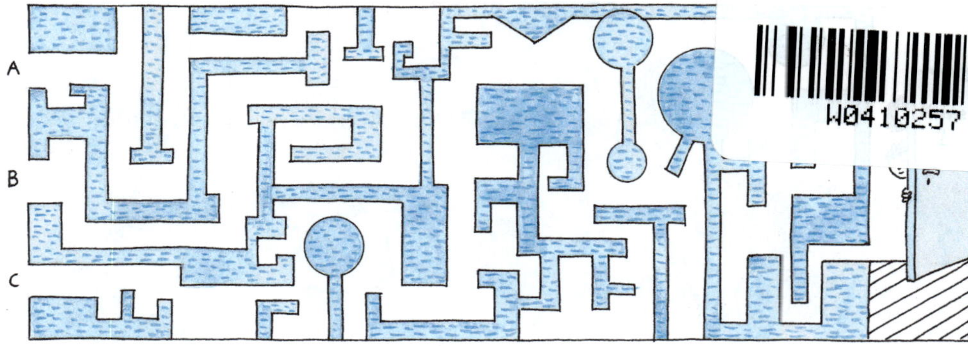

2 **a)** Ergänze in jeder Zeile Zahlen, die zu der angefangenen Folge passen!

1	2	3				7
20	18					8
9	11				19	21

b) Ergänze! Nutze die Tabelle aus der Aufgabe a)!

Links von 14 ist ___ .
Rechts von 15 ist ___ .
Links von ___ ist 11 .
Rechts von ___ ist 3 .

Über 10 ist ___ .
Unter 3 ist ___ .
Über ___ ist 5 .
Unter ___ ist 9 .

c) Ergänze!

1. Zeile	1	2	3				7
2. Zeile	20	18					8
Zusammen	21						

Hinweise zu den Aufgaben

- Finde und probiere eigene Lösungsideen!
- Lerne gemeinsam mit anderen!
- Übe und prüfe, was du schon kannst!
- Aufgepasst! Eine schwierigere Aufgabe!
- Zeichne!
- Lies Uhrzeiten ab! Erfinde Aufgaben dazu!

Sortieren, Ordnen, Zählen

1 **a)** Immer ein Ding passt nicht zu den anderen.
Streiche durch! Begründe deine Lösungen!

b) Immer eine Zahl passt nicht zu den anderen.
Streiche durch! Begründe deine Lösungen!

- 30, 40, 10, 80, 60, 11, 100
- 15, 8, 11, 20, 18, 13, 16
- 16, 2, 7, 12, 6, 10, 4

2 Ordne!

a) von kurz nach lang

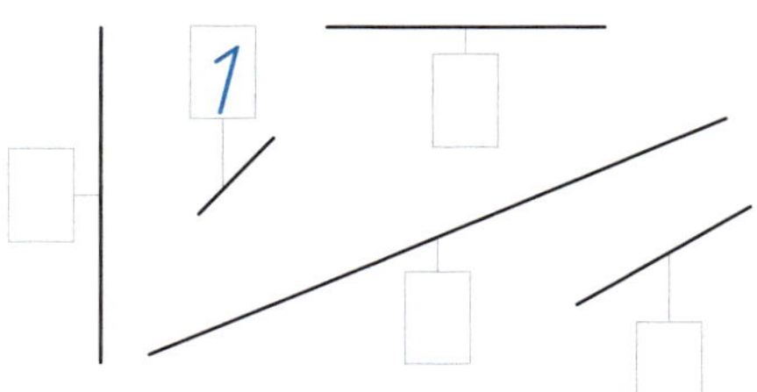

b) von rechts nach links

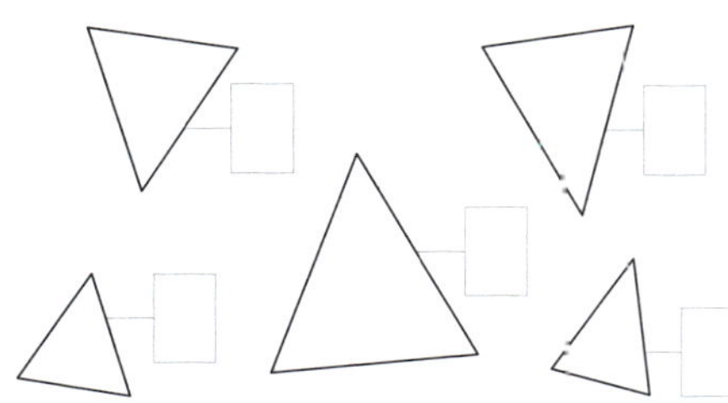

3 Zähle!

a)

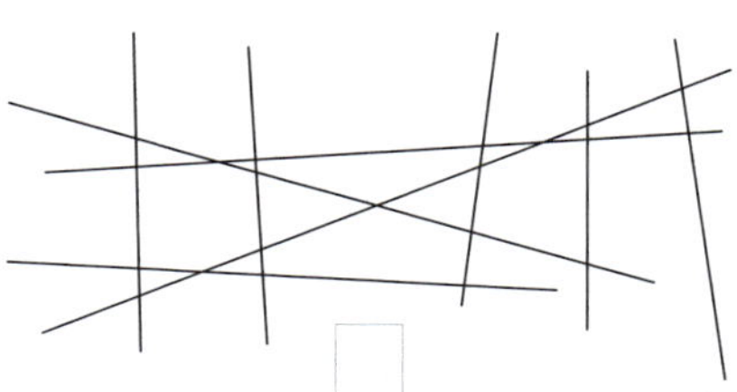

b)

1 Zeichne jede Figur freihand noch einmal
und ergänze ihre Namen!

a) 

b) 

c) 

d) 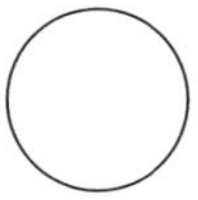

2 Male aus:  rot 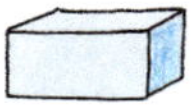 blau  gelb

a) 

b) 

3 Setze so fort!

a) 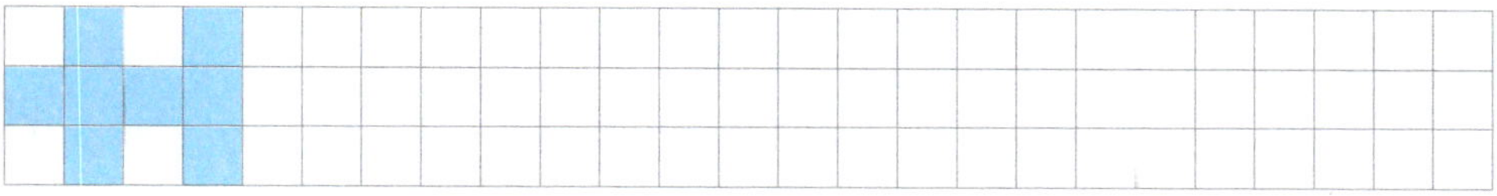

b) 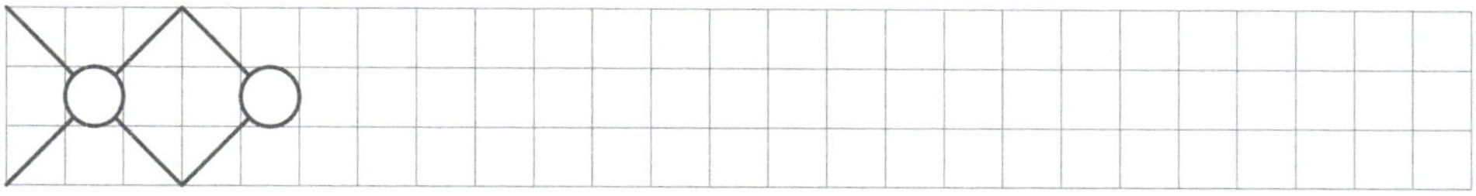

Wiederholung: Addieren bis 20

1 Lege auf verschiedene Weise und rechne!

2 + 6	12 + 7	5 + 6	7 + 6
0 + 9	16 + 3	4 + 7	4 + 8
4 + 5	15 + 2	8 + 6	7 + 5

L: 8, 8, 9, 11, 11, 12, 12, 13, 14, 15, 17, 19, 19

2

+ 6	
3	
2	
4	

+ 5	
12	
15	
	18

+ 7	
6	
	15
9	

+ 8	

3

12 = 3 +	10 = +	16 = +
12 = 4 +	10 = +	16 = +
12 = 5 +	10 = +	16 = +
12 = +	10 = +	16 = +

4 Rechne und verbinde!

4 + 3 =

2 + 6 =

1 + 5 =

3 + 6 =

2 + 3 =

12 + 2 =

11 + 4 =

10 + 3 =

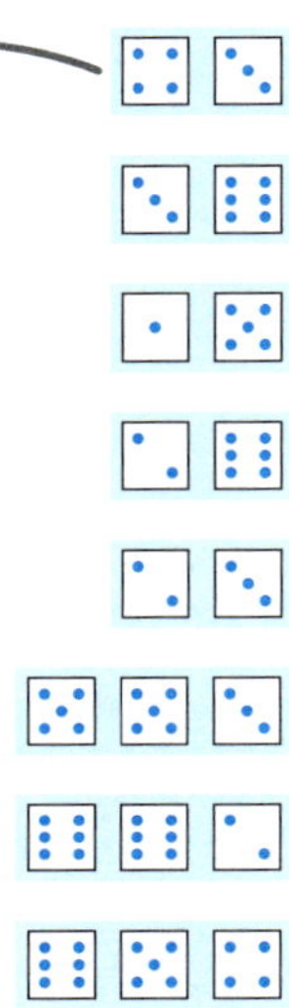

8 + 7 =

4 + 9 =

3 + 7 =

9 + 2 =

8 + 5 =

9 + 8 =

7 + 7 =

6 + 9 =

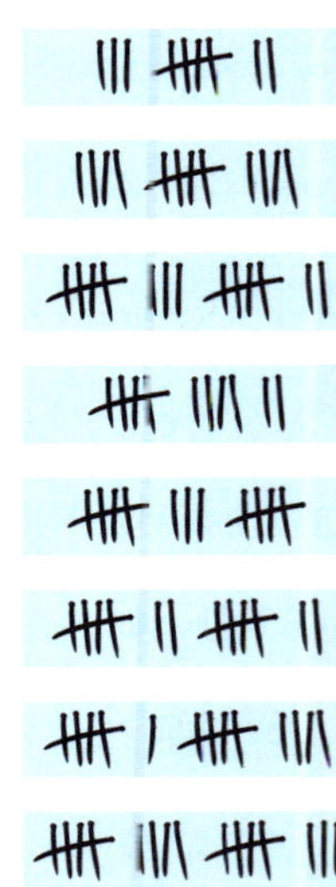

Wiederholung: Subtrahieren bis 20

1 Lege auf verschiedene Weise und rechne!

8 − 2	20 − 9	13 − 7	16 − 9
9 − 9	17 − 4	15 − 6	12 − 6
7 − 0	18 − 5	14 − 8	11 − 3

L: 0, 6, 6, 6, 6, 7, 7, 8, 9, 10, 11, 13, 13

2

− 4	
9	
10	
4	

− 6	
19	
20	
	12

− 7	
15	
13	
	9

− 5	

3

___ = 20 − 8	12 = 20 − ___	8 = ___ − ___
___ = 15 − 9	12 = 19 − ___	8 = ___ − ___
___ = 17 − 2	12 = 18 − ___	8 = ___ − ___
___ = 13 − 7	12 = ___ − ___	8 = ___ − ___

4 Rechne, streiche weg und verbinde!

9 − 4 =
7 − 2 =
8 − 4 =
6 − 3 =
10 − 3 =
15 − 4 =
16 − 2 =
14 − 2 =

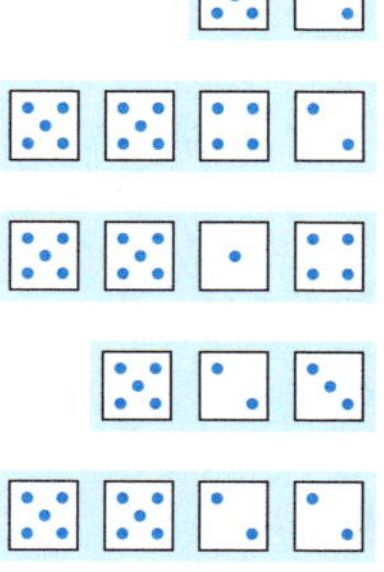

12 − 7 =
15 − 8 =
14 − 6 =
13 − 4 =
16 − 8 =
11 − 4 =
12 − 5 =
17 − 9 =

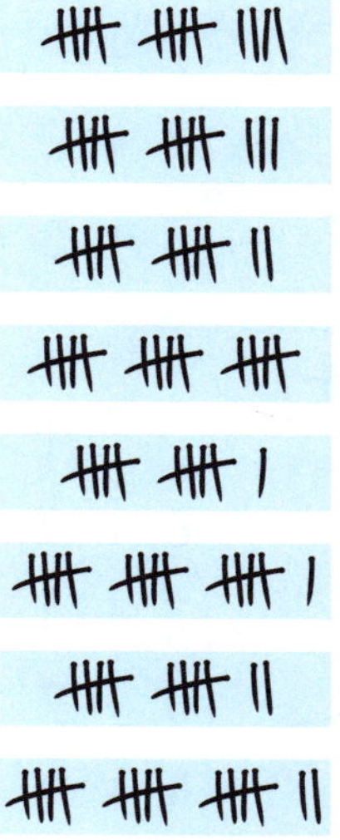

Wiederholung: Addieren und Subtrahieren bis 20

1

7 + 8	13 − 5	12 − 7
8 + 7	8 + 5	12 − 6
9 + 4	14 − 9	15 − 8
4 + 9	5 + 9	15 − 7

L: 5, 5, 6, 7, 8, 8, 10, 13, 13, 13, 14, 15, 15

2

13 / 6 / 7

6 + 7 =
7 + 6 =
13 − 6 =
13 − 7 =

14 / 5

9 + =
5 + =
14 − =
14 − =

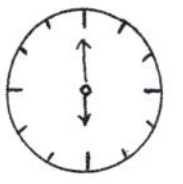

+ =
+ =
− =
− =

3

7 + = 10	12 − = 8	17 − = 11
8 + = 15	20 − = 13	4 + = 13
6 + = 11	16 − = 8	11 − = 7
0 + = 9	14 − = 5	6 + = 14

4

7 + < 13	14 − > 8	12 − > 6
7 + < 13	14 − > 8	12 − < 6
7 + < 13	14 − < 8	9 + > 15
7 + < 13	14 − < 8	9 + < 15

5 <, > oder = ?

6 + 9 ◯ 15	13 − 7 ◯ 10	20 − 7 ◯ 10
7 + 4 ◯ 13	16 − 8 ◯ 12	8 + 5 ◯ 14
5 + 7 ◯ 11	15 − 9 ◯ 6	14 − 8 ◯ 8
4 + 9 ◯ 16	14 − 6 ◯ 7	3 + 9 ◯ 12

Schätzen, Zählen, Bündeln, Entbündeln

1 Wie viele sind es?
Schätze erst, dann zähle und vergleiche!

a)

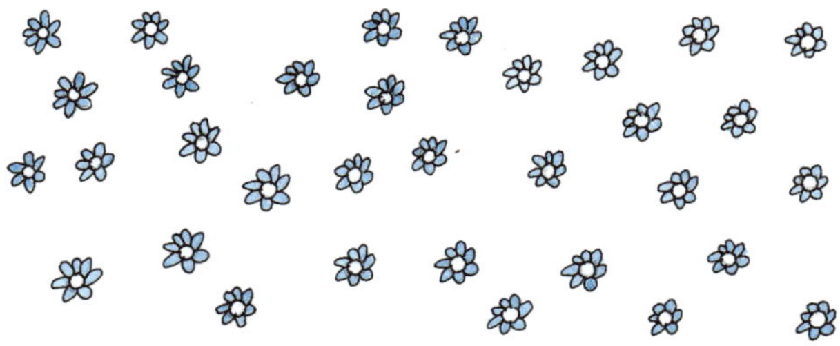

geschätzt:	
gezählt:	

b)

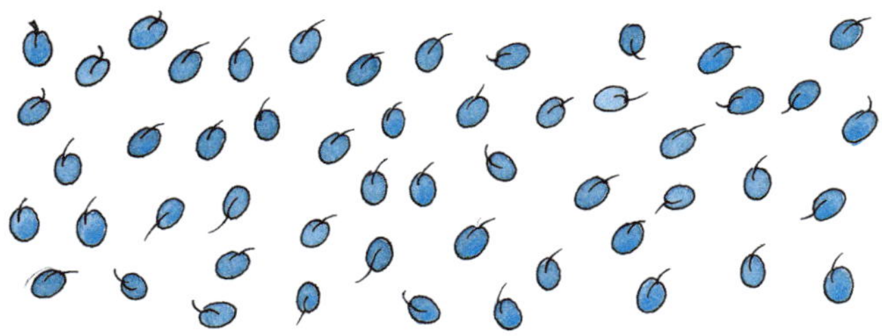

geschätzt:	
gezählt:	

2 Immer 4

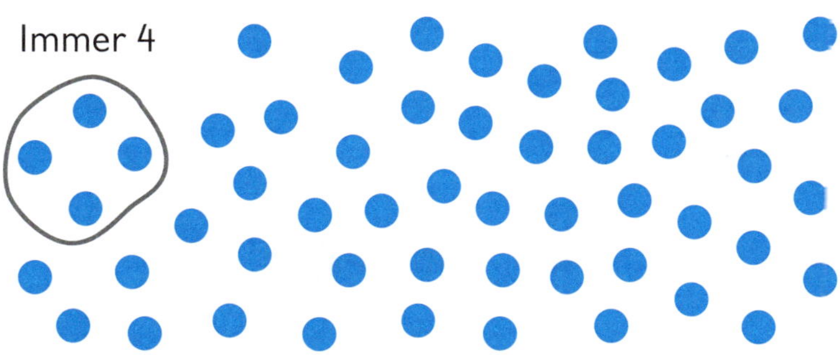

Vierer	Einer

3 Lege und ermittle dann immer die Zahl aller Plättchen!

Fünfer	Einer	Zahl aller Plättchen
3	2	17
6	4	
4	1	

Zehner	Einer	Zahl aller Plättchen
3	8	
4	5	
5	0	

Zehnerzahlen

1 a) Zähle und ergänze!

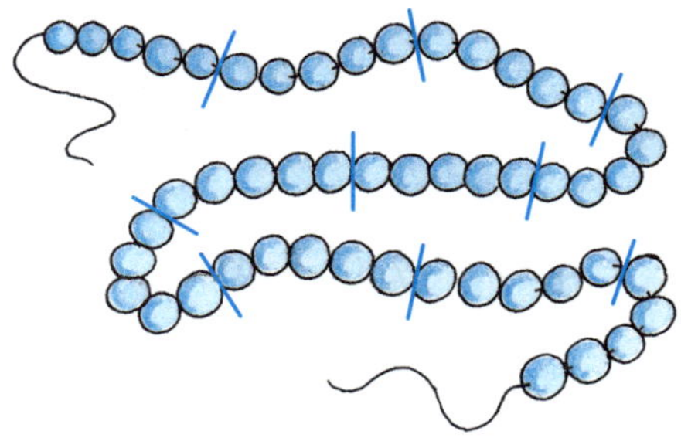

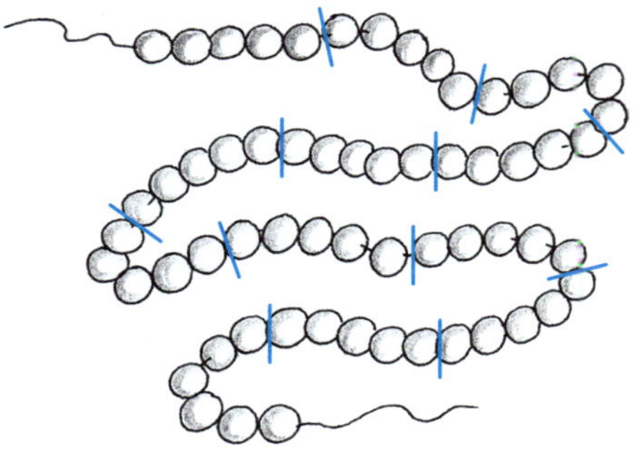

b) Ergänze!

30

2

ct

ct

3 Setze immer so fort!

10 20 30

100 90

1 a) Ergänze!

0 | 10 | ___ | 30 | ___ | ___ | ___ | ___ | ___ | ___ | ___

b)

0 | 10 | ___ | ___ | ___ | ___ | ___ | ___ | ___ | ___ | ___

2 a) Welche Zahlen können es sein?

0 ___ ___ ___ ___ 50

b) Male einen Zahlenstrich mit 0, 10, 20, 50, 100!

3 < oder >?

3 ◯ 1	30 ◯ 10	4 ◯ 7	40 ◯ 70	6 ◯ 5	60 ◯ 50	4 ◯ 9	40 ◯ 90

4 Ordne!

a) 0, 100, 20, 60, 30, 50, 80

0, ______________________

____

b) 70 ct, 50 ct, 90 ct, 60 ct, 1 €, 40 ct

höchster Preis: __________

niedrigster Preis: __________

0 — 50

Addieren und Subtrahieren von Zehnerzahlen

1

30 + 40 =

90 − 30 =

2

50 + 40 =

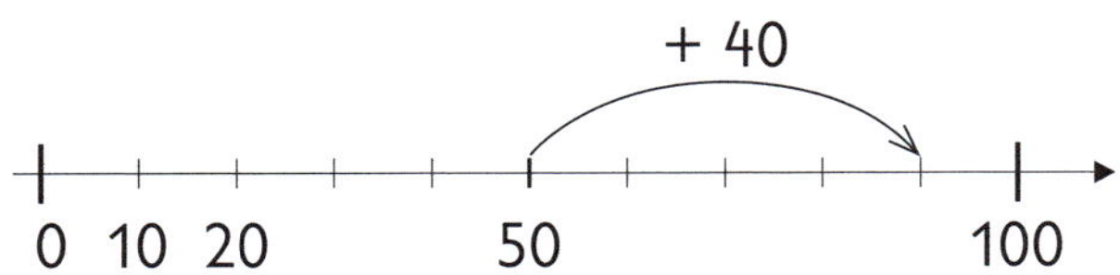

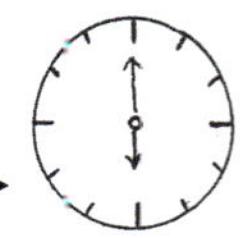

80 − 50 =

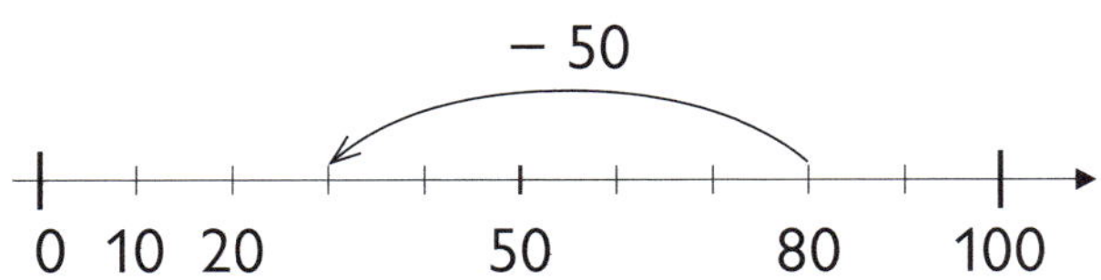

3

a)
3 + 4
30 + 40

7 − 5
70 − 50

b)
6 + 2
60 + 20

8 − 1
80 − 10

c)
3 + 6
30 + 60

9 − 7
90 − 70

4

a)
50 + 10
20 + 40
30 + 60
0 + 90

b)
40 − 30
60 − 50
70 − 0
90 − 70

c)
80 − 60
30 − 30
50 − 20
70 − 60

5 <, > oder = ?

a)

70 + 30	◯	100
80 − 20	◯	50
10 + 60	◯	60
60 − 60	◯	10

b)

100 − 30	◯	90 − 20
50 + 50	◯	50 + 20
60 − 60	◯	60 − 10
10 + 20	◯	40 + 30

Addieren und Subtrahieren von Zehnerzahlen

1

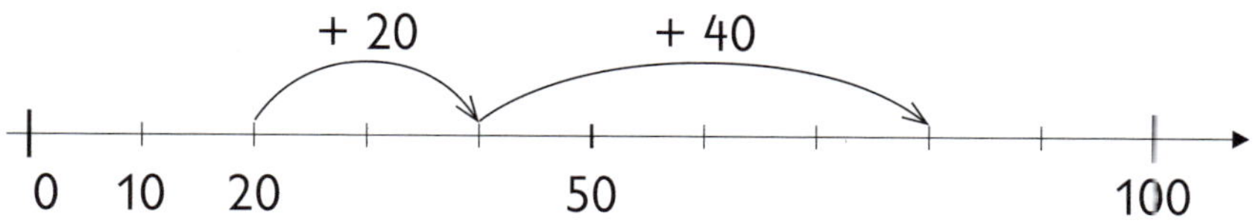

2	0	+	2	0	+	4	0	=		

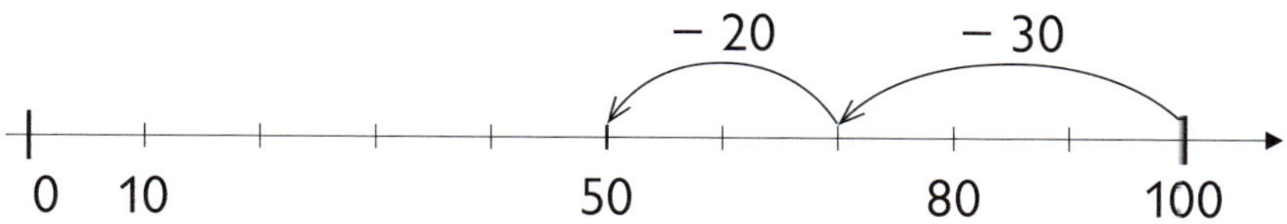

1	0	0	−	3	0	−	2	0	=		

2

a

4	0	+	3	0	+	2	0				
7	0	+	1	0	+	2	0				
5	0	+		0	+	3	0				
1	0	+	3	0	+	6	0				

b)

1	0	0	−	5	0	−	1	0			
	9	0	−	2	0	−	4	0			
	8	0	−	6	0	−		0			
1	0	0	−	3	0	−	1	0			

3

a)

6	0	+			=	8	0
4	0	+			=	9	0
8	0	−			=	1	0
6	0	−			=		0

b)

2	0	+	1	0	+			=	4	0
3	0	+			+	4	0	=	8	0
6	0	−	4	0	−			=		0
8	0	−			−	2	0	=	1	0

L: 10, 10, 20, 20, 30, 50, 50, 60, 70

4

a)

5	0	=	1	0	+		
5	0	=			+		
7	0	=	2	0	+		
7	0	=			+		

b)

	9	0	=	3	0	+	4	0	+		
	9	0	=	1	0	+			+		
1	0	0	=	1	0	+	2	0	+		
1	0	0	=			+			+		

5

a) 10 $\xrightarrow{+30}$ ☐ $\xrightarrow{-20}$ ☐ $\xrightarrow{+60}$ ☐ $\xrightarrow{-70}$ ☐ $\xrightarrow{+50}$ 60

b) ☐ $\xrightarrow{+40}$ ☐ $\xrightarrow{-60}$ ☐ $\xrightarrow{+30}$ ☐ $\xrightarrow{-60}$ ☐ $\xrightarrow{+90}$ 90

Alle Zahlen bis 100

1 a)

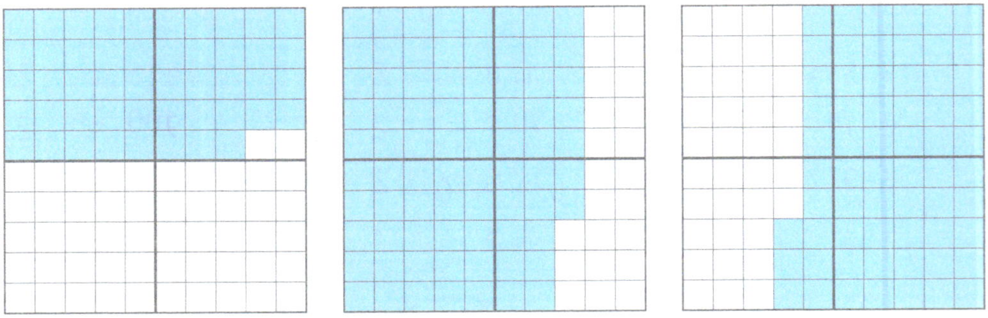

b)

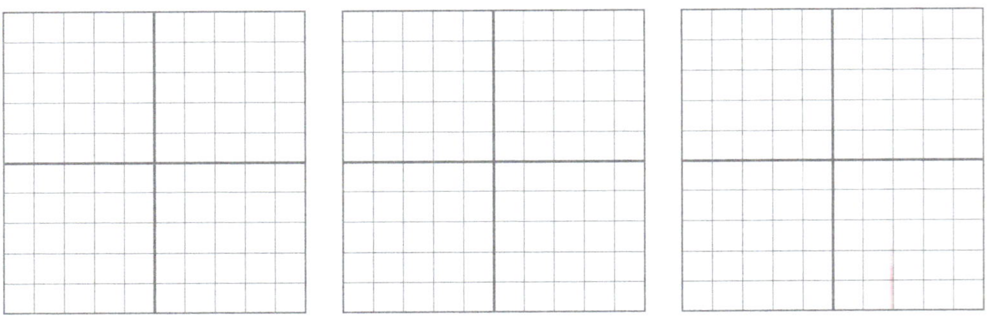

42	57	73

2 a) Welche Zahlen hat Toni gemalt?

b) Male wie Toni:

41	62	27	55	30

1 Lege Zahlen und schreibe sie dann so:

7	5	=		Z	+		E
3	1	=		Z	+		E
6	9	=		Z	+		E
9	4	=		Z	+		E

1	8	=		Z	+		E
8	1	=		Z	+		E
4	0	=		Z	+		E
5	5	=		Z	+		E

4	8	=		Z	+		E
9	2	=		Z	+		E
2	9	=		Z	+		E
3	5	=		Z	+		E

2 a)

Zehner	Einer	Zahl
• •	• • •	
• • • • •	•	
• • • • • •		

b) Welche Zahl erhältst du, wenn du zur 1. Zahl

- 1 Punkt dazu malst: ☐ oder ☐

- 2 Punkte dazu malst: ☐ oder ☐ oder ☐ ?

3 Ergänze!

a) 48 ☐ 50 ☐ ☐ ☐ ☐ 55 ☐ ☐ 58

b) 66 ☐ ☐ ☐ ☐ ☐ ☐ ☐ ☐ ☐ 76

c) 89 ☐ ☐ ☐ ☐ ☐ ☐ ☐ ☐ ☐ 99

4

Vorgänger				62	95	70				
Zahl	44	78	29							
Nachfolger							23	81	50	100

Zahlen auf Zahlenstrahlen und Zahlenstrichen

1

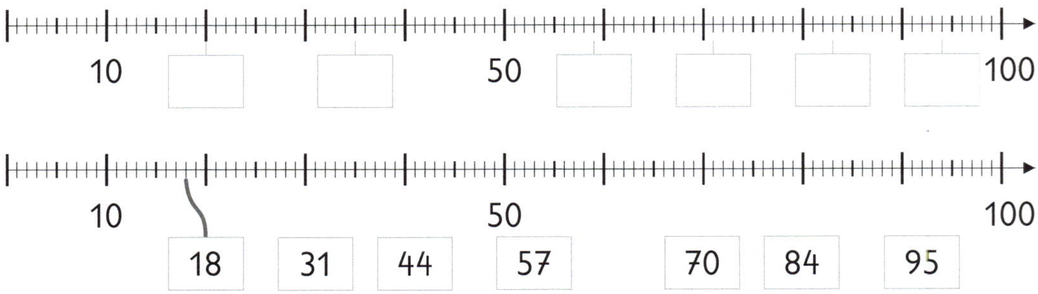

2 a) Welche Zahlen auf dem Zahlenstrich könnten es sein?

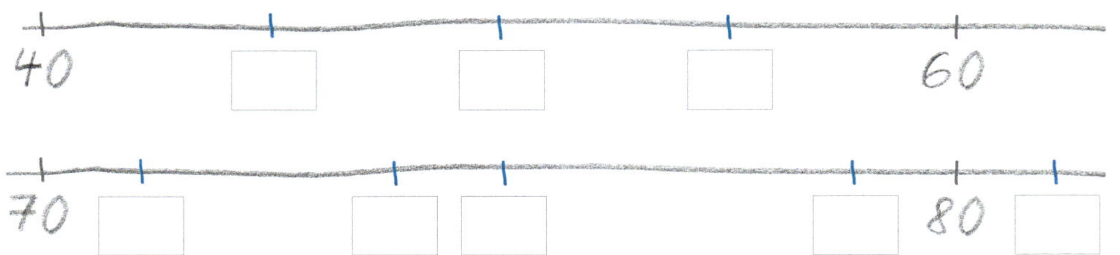

b) Male einen Zahlenstrich mit 20, 22, 24, 28 und 30!

3 Bilde zu jeder Zahl die Spiegelzahl.
Stelle dann beide Zahlen mit gleicher Farbe auf dem Zahlenstrahl dar!

81 → ☐ 52 → ☐ 63 → ☐

37 → ☐ 45 → ☐ 76 → ☐

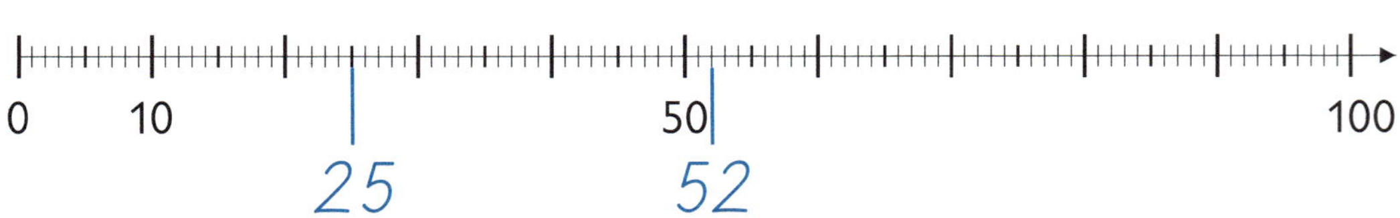

Zahlen auf der Hundertertafel

1 Ergänze!

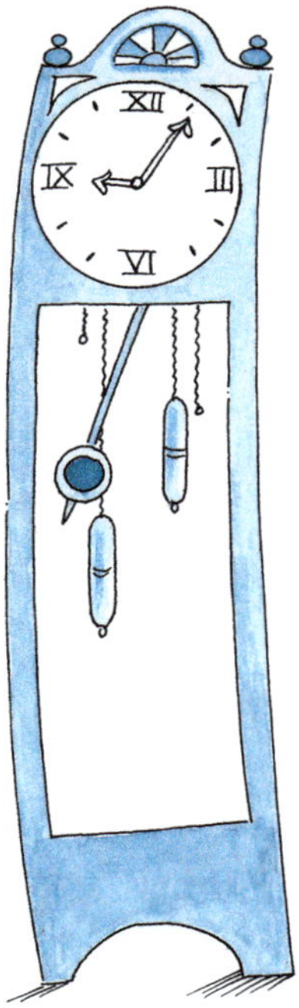

1				5				9	10
11								19	20
			44						
51									
	62								
									80
				95					

2 a)

Links von	47	ist		.
Rechts von	82	ist		.
Links von		ist	33	.
Rechts von		ist	66	.
Über	76	ist		.
Unter		ist	84	.

b) Male den Weg ein und ergänze die Zahlen!

Start auf dem Feld:	33
2 Schritte nach links:	
3 Schritte nach oben:	
2 Schritte nach rechts:	

3 Ergänze!

| | | 9 | |

| 46 | | |

| |
| 29 | |

| |
| | 72 |
| |

| 21 | |
| | | |

| 18 |
| | | |

Vergleichen und Ordnen der Zahlen bis 100

1 Vergleiche! Nutze den Zahlenstrahl!

45	◯	50	82	◯	32	100	◯	65	28	◯	75
10	◯	77	66	◯	86	10	◯	15	33	◯	19
80	◯	41	30	◯	92	99	◯	89	65	◯	56

2 <, > oder = ?

27	◯	34	64	◯	75	0	◯	10	14	◯	61
61	◯	52	28	◯	33	50	◯	15	67	◯	24
39	◯	44	98	◯	47	100	◯	99	32	◯	89
84	◯	70	62	◯	29	93	◯	39	55	◯	48

Unterstreiche die Aufgaben, die dir noch schwer fallen!

3 Bilde zu jeder Zahl die Spiegelzahl!
Vergleiche dann beide Zahlen!

12	◯	21	64	◯		67	◯		44	◯	
73	◯		55	◯		28	◯		39	◯	
48	◯		36	◯		95	◯		86	◯	

4 Ordne! Zuerst von klein nach groß, dann von groß nach klein!

a) 48 17 70 92 65 35

b) 100 13 52 68 95 47

a)
17,
92,

b)
13,
100,

Geldbeträge bis 100 Cent und bis 100 Euro

1 Schreibe die Geldbeträge auf!

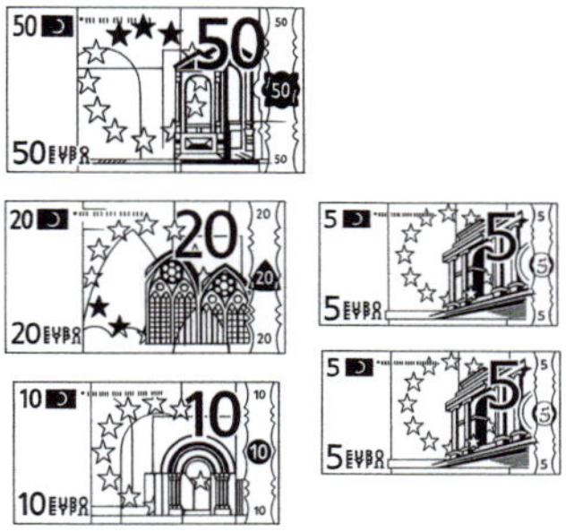

☐ €

☐ €

☐ ct

2 Lege die Geldbeträge auf verschiedene Weise!

	5	0	€	+	2	0	€	+	2	€
72 €										

66 ct										

39 ct										

105 €										

3 Vergleiche!

	8	6	ct		7	3	ct			1	3	0	€		4	3	€
1	0	0	ct		8	6	ct				4	3	€		9	0	€

4 Lege nach und ergänze immer!

85 €

72 ct

100 €

Addieren einstelliger Zahlen zu zweistelligen Zahlen

1 Male und rechne!

32 + 4 = ☐ 64 + 6 = ☐ 27 + 3 = ☐ 76 + 2 = ☐

49 + 1 = ☐ 68 + 4 = ☐ 50 + 7 = ☐ 85 + 9 = ☐

2

a)

7	0	+	6			
2	5	+	3			
4	3	+	2			
8	1	+	9			

b)

3	2	+	6			
5	6	+	3			
9	0	+	9			
6	8	+	2			

c)

4	+	4	5			
4	+	7	6			
6	+	5	3			
8	+	6	1			

L: 28, 38, 39, 45, 49, 59, 59, 69, 70, 76, 80, 90, 99

3

a)

3	7	+	5			
5	5	+	8			
7	9	+	3			
6	2	+	9			
4	6	+	6			
8	7	+	5			

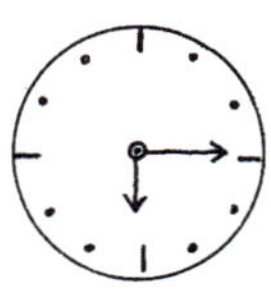

b)

7	+	9	3				
8	+	2	8				
5	+	5	6				
4	+	6	9				
6	+	4	8				
9	+	3	4				

L: 36, 42, 43, 50, 52, 54, 61, 63, 71, 73, 82, 92, 100

4

a)

4	6	+		9			
	7	+	5	2			
	9	+	4	6			
	8	+	3	8			

b)

5	2	+		7				
5	2	+		8				
	6	+	7	9				
	5	+	7	9				

Addieren einstelliger Zahlen zu zweistelligen Zahlen

1 Bilde leichte und schwere Aufgaben! Rechne!

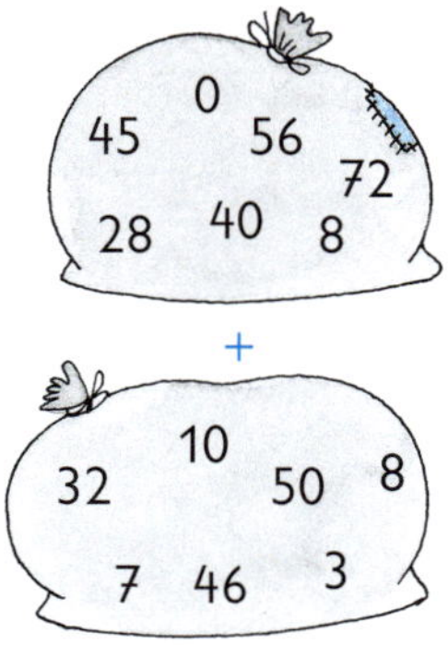

leichte Aufgaben	schwere Aufgaben
40 + 10 =	

2

a)

7	2	+		=	7	8
5	0	+		=	5	9
4	6	+		=	4	6

b)

3	8	+		=	4	7
7	4	+		=	8	0
6	9	+		=	7	3

c)

8	7	+		=	9	0
2	6	+		=	3	3
4	2	+		=	4	9

3 Ein Kind nennt eine Zahl. Ein anderes Kind ergänzt die zweite Zahl so, dass beide Zahlen die „Hausnummer“ ergeben.

34	
28	6

40	

72	

4 Lina hat 5 Fehler gemacht. Kreuze sie an und berichtige!

a)

3	6	+	4	=	4	0	
8	5	+	5	=	8	0	
5	7	+	7	=	6	4	
4	6	+	9	=	5	6	

b)

9	2	+	7	=	9	9	
7	3	+	4	=	6	9	
6	6	+	6	=	7	2	
2	9	+	9	=	3	8	

c)

8	+	1	7	=	9	7
0	+	6	9	=	6	9
3	+	5	8	=	6	1
8	+	8	8	=	9	5

0 50

Subtrahieren einstelliger Zahlen von zweistelligen Zahlen

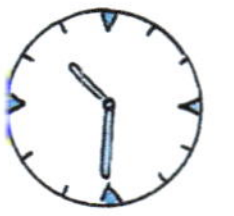

1 Male und rechne!

a)

76 − 2 = ☐   35 − 3 = ☐   58 − 6 = ☐   49 − 7 = ☐

b)

40 − 3 = ☐   55 − 6 = ☐   54 − 4 = ☐   74 − 8 = ☐

2

a)

7	0	−	7		
4	8	−	3		
6	9	−	8		
9	5	−	5		

b)

6	6	−	6		
8	8	−	7		
3	0	−	2		
5	9	−	7		

c)

	7	8	−	5			
	3	7	−	3			
	8	4	−	0			
1	0	0	−	9			

L: 28, 34, 45, 52, 60, 61, 63, 70, 73, 81, 84, 90, 91

3

a)

5	2	−	6		
4	5	−	8		
6	3	−	7		
8	4	−	6		

b)

3	6	−	9		
7	1	−	7		
9	5	−	6		
5	4	−	8		

c)

4	3	−	8				
8	2	−	7				
6	1	−	4				
7	4	−	7				

L: 27, 35, 37, 46, 46, 56, 57, 64, 67, 75, 78, 87, 89

4 Rechne! Prüfe mit der Umkehraufgabe!

a)

	5	6	−	8	=		
	4	8	+	8	=		
1	0	0	−	7			

b)

7	5	−	8	=		
		+		=		
8	3	−	5			

c)

6	8	−	4	=		
		+		=		
4	2	−	9			

Subtrahieren einstelliger Zahlen von zweistelligen Zahlen

1 Bilde leichte und schwere Aufgaben! Rechne!

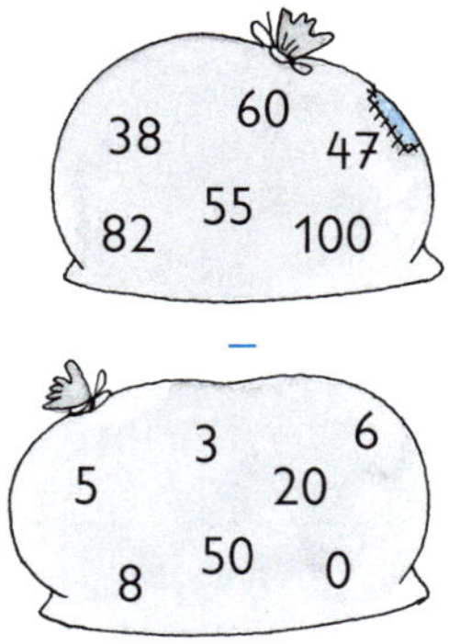

leichte Aufgaben

6	0	–	2	0	=				

schwere Aufgaben

2

a)

4	8	–		=	4	2
6	7	–		=	6	0
9	0	–		=	8	7

b)

7	3	–		=	6	7
3	4	–		=	2	6
8	1	–		=	7	9

c)

9	5	–		=	8	8
7	5	–		=	6	8
5	3	–		=	4	8

L: 2, 3, 4, 5, 6, 6, 7, 7, 7, 8

3 Würfelt mit 3 Würfeln! Rechnet Subtraktionsaufgaben!

2	4	–	6			
4	2	–	6			
6	4	–	2			
4	6	–	2			
6	2	–	4			
2	6	–	4			

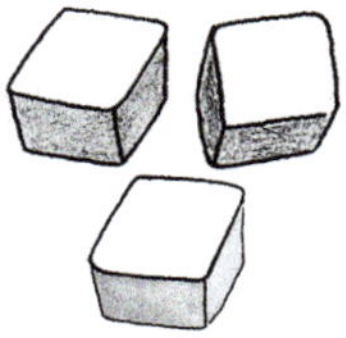

4 Rechne so schnell du kannst! Zeit: ___ min

a)

4	6	+	3			
3	0	+	9			
2	7	+	8			
7	1	+	9			
5	3	+	6			

b)

8	0	–	3			
9	5	–	4			
7	3	–	5			
6	6	–	6			
5	4	–	8			

c)

6	2	–	7			
6	2	+	7			
5	7	–	5			
5	7	+	5			
8	4	–	6			

Rechentabellen, Rechenmuster

1

+	2	6	5	8	3
60					
42					
78					

+	0	3	7		9
50				54	
		86			
47					

2

−	0	2	5	6	7
70					
58					
63					

−	3	5	7		9
100				96	
		41			
82					

3 Rechne! Setze fort! Was stellst du fest?

a)

	3	+	4			
1	3	+	4			
2	3	+	4			
3	3	+				
		+				
		+				
		+				

b)

6	7	+	0			
6	8	+	1			
6	9	+	2			
7	0	+				
		+				
		+				
		+				

c)

8	+	5	2			
8	+	5	4			
8	+	5	6			
8	+					
	+					
	+					
	+					

4 Rechne! Setze fort! Was stellst du fest?

a)

	9	−	2			
1	9	−	2			
2	9	−	2			
3	9	−				
		−				
		−				
		−				

b)

5	7	−	0			
5	8	−	1			
5	9	−	2			
6	0	−				
		−				
		−				
		−				

c)

7	2	−	8			
7	2	−	7			
7	2	−	6			
7	2	−				
		−				
		−				
		−				

Lies, stelle Fragen, rechne und antworte!

1 Leon macht 36 Hampelmänner.
Lara schafft 8 mehr als Leon.

2 Anna lässt den Reifen 35-mal
um ihren Bauch kreisen.
Till schafft es 28-mal.

3 Ole dribbelt den Ball 53-mal.
Jona schafft es 7-mal weniger.

4 Paul schafft 9 Kniebeugen
mehr als Lisa. Lisa hat
23 Kniebeugen geschafft.

5

Name	Anzahl der Seilsprünge
Leon	38
Lara	47
Anna	43
Till	53
Ole	32
Lisa	40

1 Wie spät ist es? Gib immer beide Uhrzeiten an!

a)

6.00 Uhr	Uhr	Uhr	Uhr
18.00 Uhr	Uhr	Uhr	Uhr

b)

Uhr	Uhr	Uhr	Uhr
Uhr	Uhr	Uhr	Uhr

2 Wie spät ist es …

	eine halbe Stunde später?	eine Viertelstunde später?	eine Dreiviertelstunde später?
11.30	12.00 Uhr	11.45 Uhr	12.15 Uhr
6.15	Uhr	Uhr	Uhr
8.00	Uhr	Uhr	Uhr
15.05	Uhr	Uhr	Uhr
22.50	Uhr	Uhr	Uhr
0.10	Uhr	Uhr	Uhr

3

Mutter sagt:
„Jetzt schlägt es aber dreizehn."
Was meint sie damit?

1

Domino 5,50 €

Multiwürfel 8,95 €

Würfelspiel 14,50 €

a) Lege den Preis für jedes Spiel mit möglichst wenig Scheinen und Münzen!

b) Wähle zwei Spiele aus! Wie viel kosten diese zusammen?

2

a) Bestimme Preise für einen Trödelmarkt und schreibe sie auf die Schilder! Lege dazu die Geldbeträge mit möglichst wenig Münzen und Scheinen!

1. 2. 3. 4.

b) Schreibe, wie du gelegt hast!

1. ____________________

2. ____________________

3. ____________________

4. ____________________

3

Vergleiche die Preise auf dem Trödelmarkt!

1

Orangen
aus Spanien, Kl. I,
Sorte: Navelinas,
saftig & aromatisch,
3-kg-Beutel,
1 kg: € 1,00

Alis Mutter kauft zwei Beutel und 1 kg Orangen extra.

a) Wie viel muss sie bezahlen?

b) Wie viel Kilogramm könnte sie für 10 € kaufen?

2

Tafeltrauben 1 kg **3,40 €**

Strauchtomaten 1 kg **1,30 €**

Bananen 1 kg **1,20 €**

Schreibe eine Rechengeschichte zu den Karten und rechne!

3

Obst	Preis	
Äpfel	1 kg	90 ct
Pflaumen	1 kg	1,50 €
Kiwi	Stück	40 ct
Ananas	Stück	1,60 €

Was wurde gekauft? Rechne!

a) 1,50 € + 1,50 € = ☐ €

b) 1,60 € + 0,40 € + 0,90 € = ☐ €

c) 1,50 € + ☐ € = 3,10 €

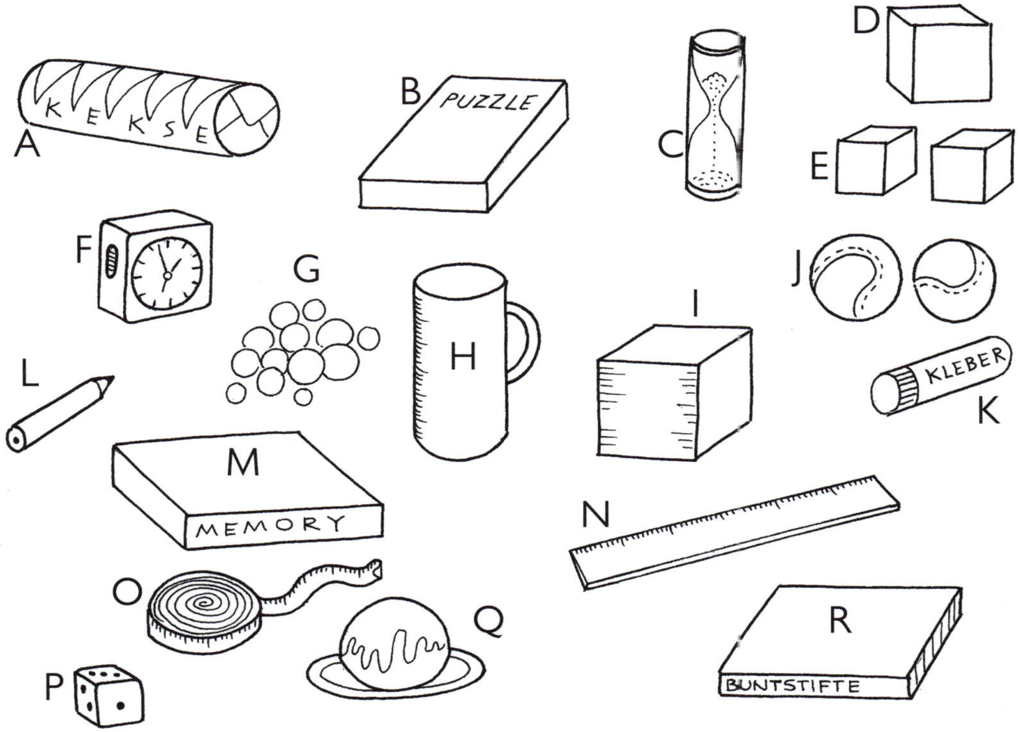

1 Ordne richtig zu! Schreibe Buchstaben oder Wörter!

Zum Spielen	Zum Basteln	Zum Messen	Zum Essen
J,			

2 Ordne die Dinge nach ihrer Form!
Finde die Körper im Bild und male so aus:

Würfel: rot — Kugel: grün
Quader: blau — Zylinder: gelb

Bauen mit Würfeln und Quadern

1 a) Wie viele kleine Würfel haben Anne und Paul für jeden Turm verwendet?

A
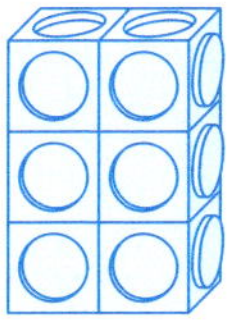
___ Würfel

B
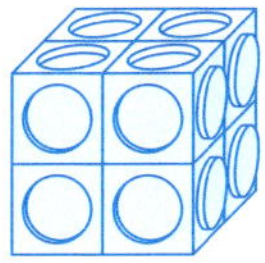
___ Würfel

C

___ Würfel

D

___ Würfel

E

___ Würfel

F

___ Würfel

G
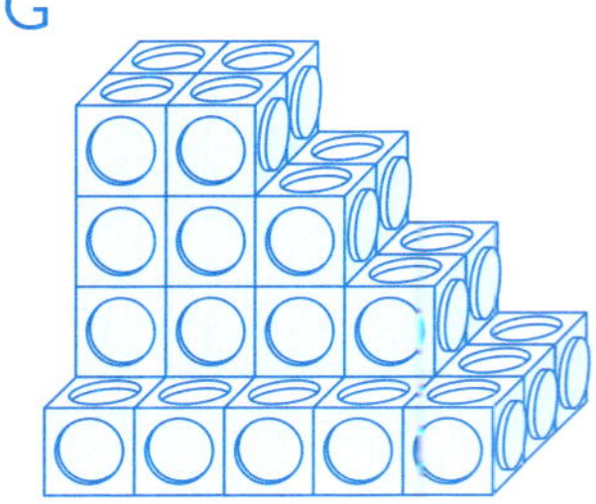
___ Würfel

b) Prüfe deine Zahlen! Baue dazu jeden Turm nach, zähle die Würfel und vergleiche!

Deine Fehler: ______________________

c) 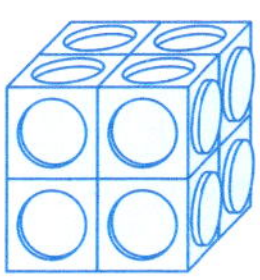 In welchen Türmen ist dieser Würfel enthalten?

____

2 Immer 2 Figuren kannst du zu einem Quader zusammensetzen.

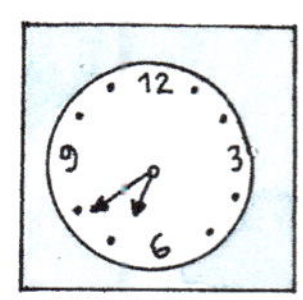

A
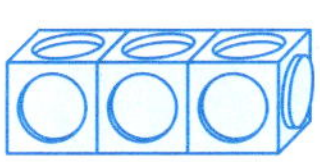

B

C
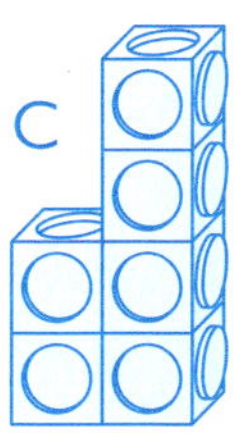

D
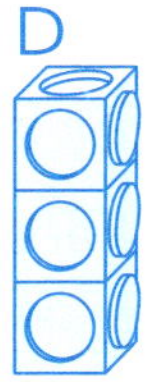

E
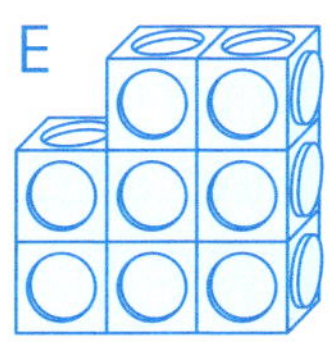

F
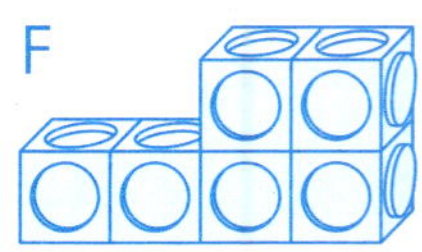

___ und ___ , ___ und ___ , ___ und ___ .

Meter und Zentimeter

1 Erkunde deine Körpermaße!

Schrittlänge	Fingerspanne	Daumenbreite
cm	cm	cm

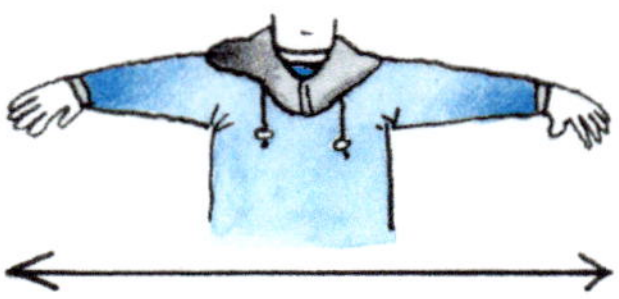	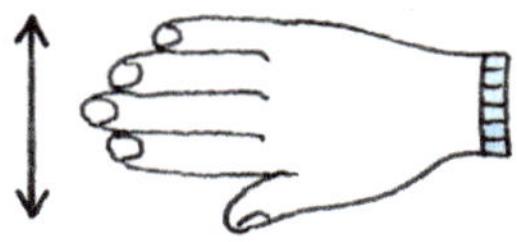	
Armspanne	Handbreite	Fußbreite
cm	cm	cm

2 Zeichne ein Linealbild!

3 Miss und entscheide dabei selbst, womit du misst!

	Länge	Breite
Klassenraum	Schritte	
Schrank		
Schulflur		
Buch		cm

4 Erkunde, welche Gegenstände etwa so lang wie 1 m sind!

Meter und Zentimeter

1 Was kann stimmen? Kreuze das richtige Maß an!

Länge	40 m	
eines	4 m	
Autos	40 cm	

Länge	18 cm	
eines	20 m	
Fahrrades	180 cm	

Höhe	8 m	
eines	88 cm	
Stuhls	8 cm	

Länge	2 m	
eines	20 m	
Bettes	20 cm	

Größe	1 m 53 cm	
deines	5 m	
Mitschülers	55 cm	

Höhe	2 m	
einer	40 cm	
Tür	8 m	

2 Vergleiche!

25 cm	○	97 cm	64 m	○	64 m	91 m	○	87 m
17 cm	○	34 cm	39 m	○	93 m	24 m	○	24 m
84 cm	○	41 cm	56 m	○	51 m	19 m	○	78 m

3 Ordne! Zuerst von kurz nach lang, dann von lang nach kurz!
42 m, 98 cm, 81 cm, 81 m, 64 cm, 7 m

a) ______

b) ______

4 a) Zerschneide einen 1 m langen Papierstreifen in 5 Teile!
Schreibe eine Rechenaufgabe dazu!

1 m = ___ cm + ___ cm + ___

b) Schreibt weitere Aufgaben auf! Vergleicht und unterstreicht die Aufgaben, die am häufigsten vorkommen!

Ablesen und Einstellen von Uhrzeiten

1 Ergänze die Zeiger und schreibe die Zeiten auf!

a) morgens aufgestanden

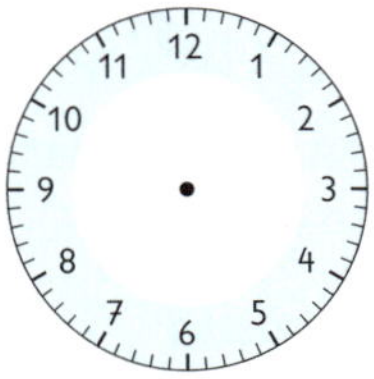

_______ Uhr

b) zur Schule gegangen

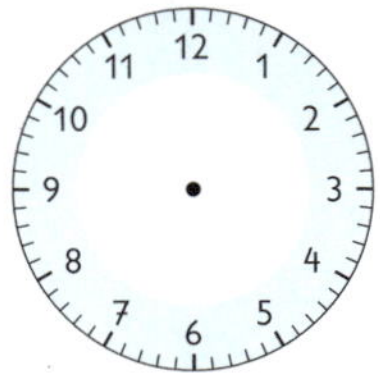

_______ Uhr

c) Frühstückspause beendet

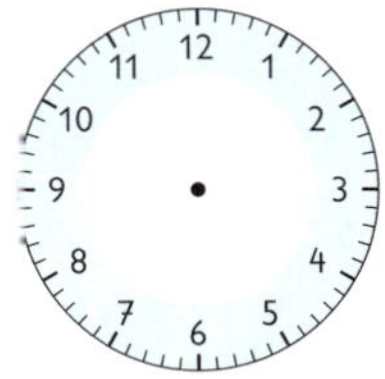

_______ Uhr

d) Unterrichtsende

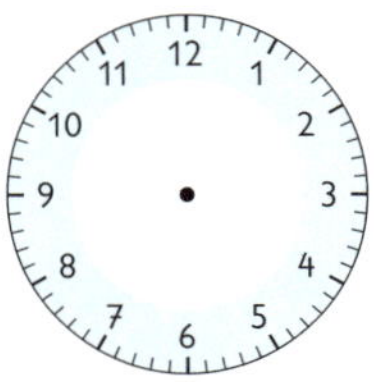

_______ Uhr

e) Abendbrot gegessen

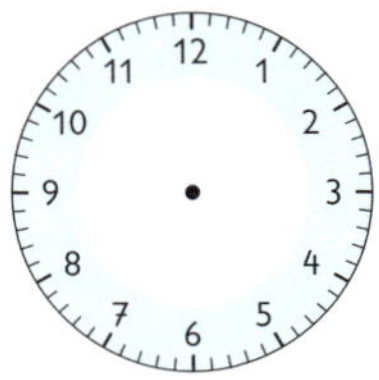

_______ Uhr

f) zum Schlafen ins Bett gelegt

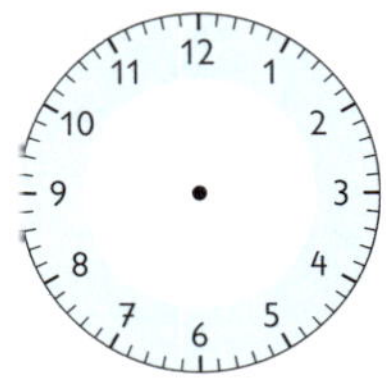

_______ Uhr

2 **a)** Zähle mehrmals und beobachte, wie viel Zeit vergeht!
Trage deine Ergebnisse in die Tabelle ein!

zählen	1. Mal	2. Mal	3. Mal
von 21 bis 80			
von bis			

b) Vergleicht mit eurem Nachbarn! Was stellt ihr fest?

3 **a)** Welche Uhren haben keine Zeiger?

Sanduhr

b) Welche Uhren kann man nicht in der Nacht ablesen?

Sonnenuhr

Dreiecke, Vierecke, Kreise

1 Finde im Bild Dreiecke, Vierecke und Kreise!
Zähle die Figuren!

☐ Dreiecke ☐ Vierecke ☐ Kreise

2

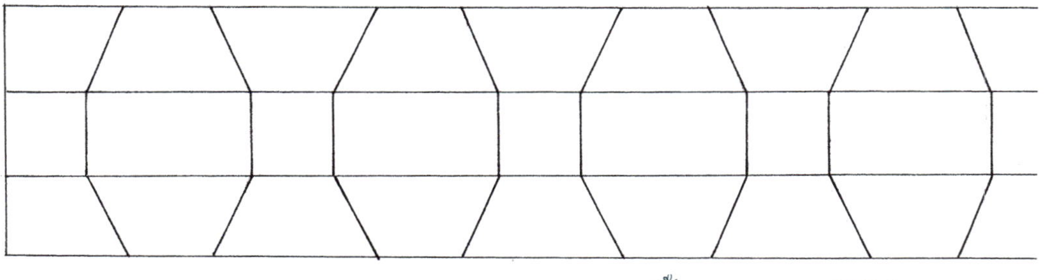

Male das Muster aus!
Quadrate: rot Rechtecke: blau
Vierecke, die keine Rechtecke sind:
grün oder gelb

Figuren legen, falten, schneiden

1 Lege die Quadrate mit deinen Legefiguren auf verschiedene Weise aus! Zeichne deine Lösungen ein!

2 Falte ein quadratisches Blatt so, dass du es zerlegst in:

a) 2 Dreiecke b) 2 Rechtecke c) 4 Quadrate

Zeichne deine Faltmuster ein!

3 Zerschneide ein quadratisches Blatt so, dass du folgende Formen erhältst:

a) 4 Dreiecke b) 4 Rechtecke c) 3 Dreiecke

Zeichne deine Schnittlinien ein!

Addieren zweistelliger Zahlen

1 Male und rechne auf dem Hunderterfeld!

3	2	+	2	6			

4	6	+	3	6			

1	5	+	6	9			

2 Male und rechne!

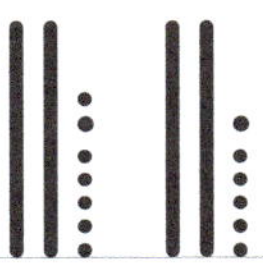

27 + 26 = ☐

53 + 24 = ☐

17 + 37 = ☐

25 + 49 = ☐

34 + 58 = ☐

18 + 65 = ☐

3 Lege oder male Münzen! Rechne!

35 ct + 37 ct = ☐ ct

27 ct + 48 ct = ☐ ct

58 ct + 16 ct = ☐ ct

Addieren zweistelliger Zahlen

1 Erklärt euch eure Rechenwege! Ihr könnt dabei Zahlen legen oder malen, Teilaufgaben schreiben und begründen.

13 + 74 44 + 32 52 + 37

27 + 35 66 + 26 19 + 67

2

a)

23 + 45	
16 + 72	
34 + 35	
42 + 18	

b)

50 + 49	
61 + 27	
33 + 57	
12 + 46	

c)

24 + 43	
43 + 26	
52 + 14	
35 + 35	

d)

17 + 25	
36 + 18	
48 + 24	
54 + 27	

e)

38 + 36	
19 + 45	
65 + 18	
23 + 49	

L: 42, 54, 58, 60, 64, 66, 67, 68, 69, 69, 70, 72, 72, 74, 79, 81, 83, 88, 88, 90, 99

3

16	9	15	8

14	13	12	11

1 Rechne! Setze fort! Was stellst du fest?

a)

3	6	+	4	7			
3	7	+	4	6			
3	8	+	4	5			
3	9	+					
		+					
		+					

b)

4	8	+	1	2			
4	8	+	1	4			
4	8	+	1	6			
4	8	+					
		+					
		+					

c)

2	9	+	3	6			
2	8	+	3	6			
2	7	+	3	6			
2	6	+					
		+					
		+					

2

+	13	24	36	47	
16					75
34					
28					

+	17	29	33	48	
43					100
27					
35					

3

3	5	+	4	9					2	9	+	4	8			
1	9	+	5	7					5	4	+	1	9			
2	3	+	2	9					1	6	+	7	9			
4	9	+	4	9					1	9	+	5	4			

4

Wenn ich zu meiner Zahl 23 addiere, erhalte ich 60.
Tom

Meine Zahl ist das Doppelte von 28.
Lea

Wenn ich von meiner Zahl 32 subtrahiere, erhalte ich 68.
Anna

5 Ergänze stets so, dass du 1 m erhältst!

5	6	cm	+			cm					4	3	cm	+			cm		
7	2	cm	+			cm					8	0	mm	+			cm		
1	8	cm	+			cm					4	0	mm	+			cm		

L: 28, 36, 44, 57, 82, 92, 96

Subtrahieren zweistelliger Zahlen

1 Rechne auf dem Hunderterfeld!

7	8	–	3	5			

6	7	–	2	4			

8	5	–	3	8			

2 Male und rechne!

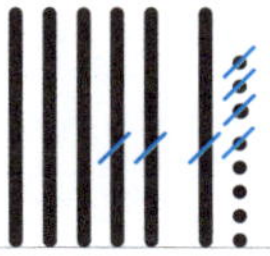

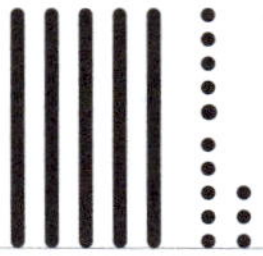

68 – 34 = ☐   63 – 26 = ☐   42 – 18 = ☐

74 – 46 = ☐   57 – 33 = ☐   39 – 17 = ☐

3 Lege oder male Münzen! Rechne!

48 ct – 27 ct = ☐ ct

65 ct – 13 ct = ☐ ct

97 ct – 64 ct = ☐ ct

52 ct – 24 ct = ☐ ct

76 ct – 48 ct = ☐ ct

83 ct – 77 ct = ☐ ct

0   50

Subtrahieren zweistelliger Zahlen

1 Erklärt euch eure Rechenwege! Ihr könnt dabei Zahlen legen oder malen, Teilaufgaben schreiben und begründen.

44 − 12	76 − 34	69 − 45
33 − 14	82 − 26	53 − 27

2

a)
48 − 12
56 − 32
79 − 46
67 − 26

b)
80 − 67
36 − 15
35 − 53
47 − 35

c)
78 − 74
90 − 48
64 − 24
37 − 26

d)
53 − 17
45 − 28
61 − 33
72 − 26

e)
84 − 36
36 − 27
93 − 18
43 − 25

L: 4, 9, 11, 12, 13, 17, 18, 21, 24, 28, 33, 36, 36, 40, 41, 42, 46, 48, 53, 75, n.l.

3

a)

		100	
	48		
33			
19			

b)

	99		
		45	
		21	
			7

0 50

Subtrahieren zweistelliger Zahlen

1 Rechne! Setze fort! Was stellst du fest?

a)

7	6	–	2	5		
7	7	–	2	4		
7	8	–	2	3		
7	9	–				
		–				
		–				
		–				

b)

9	3	–	3	2		
9	3	–	3	4		
9	3	–	3	6		
9	3	–				
		–				
		–				
		–				

c)

3	1	–	4	5		
3	2	–	4	6		
3	3	–	4	7		
3	4	–				
		–				
		–				
		–				

2

–	12	27	35	46	
47					0
90					
73					

–	15	23	39	48	
68					68
84					
51					

3

5	2	–	2	9			
7	6	–	5	9			
8	3	–	4	9			
8	3	–	2	9			

6	9	–	1	9			
6	9	–	5	0			
9	1	–	3	7			
9	1	–	5	4			

4

Wenn ich zu meiner Zahl 5 addiere, erhalte ich 100. Lara

Meine Zahl ist die Hälfte von 70. Peter

Wenn ich von meiner Zahl 36 subtrahiere, erhalte ich 36. Lisa

5 Wie oft kannst du von einem 1 m langen Seil 20-cm-Teile abschneiden? Male und rechne!

Addieren und Subtrahieren zweistelliger Zahlen

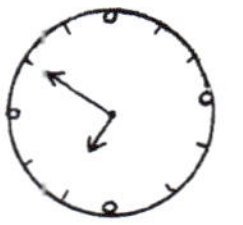

1 Rechne! Prüfe mit der Umkehraufgabe!

78 − 25 =	84 − 37 =	95 − 55 =
53 + 25 =	+ =	+ =
69 − 17 =	52 − 16 =	73 − 37 =
+ 17 =	+ =	+ =

2

38 / 47	73 / 19	
38 + 47 =	+ =	+ =
+ =	+ =	+ =
− =	− =	− =
− =	− =	− =

3 <, > oder =?

43 + 36 ◯ 80	76 − 36 ◯ 40	53 − 48 ◯ 15
90 − 52 ◯ 48	46 + 28 ◯ 47	95 − 29 ◯ 66
37 + 15 ◯ 42	64 − 16 ◯ 49	66 − 28 ◯ 95
82 − 27 ◯ 55	37 + 63 ◯ 99	74 − 53 ◯ 19

4

82	38	54
56 +	72 −	100 −
19 +	94 −	16 +
42 +	88 −	83 −
27 +	65 −	39 +

L: 20, 26, 40, 55, 63 **L:** 21, 27, 34, 50, 56 **L:** 15, 22, 29, 38, 46

0 50

Addieren und Subtrahieren zweistelliger Zahlen

1 Was entdeckst du?

45							
44	37						
43	36	30					
42	35	29	24				
41	34	28	23	19			
40	33	27	22	18	15		
39	32	26	21	17	14	12	
38	31	25	20	16	13	11	10

2 Nutze die Treppe! Ergänze und rechne! Was entdeckst du?

	18
21	

36	
	29

3 Ergänze und rechne an Zahlenkreuzen! Was entdeckst du?

	28	
		22

40		
		25

Addieren und Subtrahieren bis 100

1

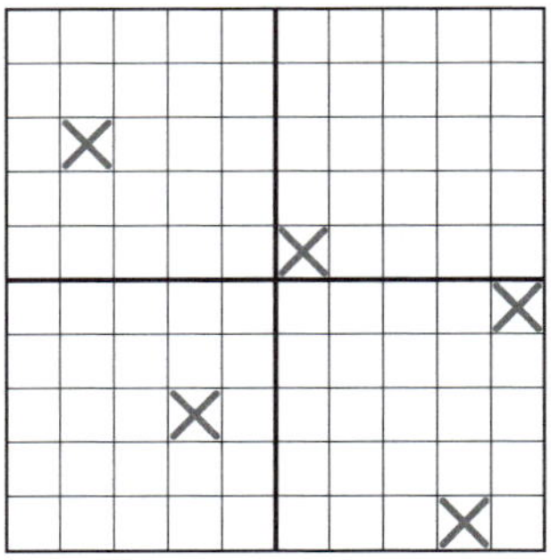

a) Die Kreuze markieren die Zahlen:

b) Ergänze im Hunderterfeld Kreuze für: 51, 100, 87, 45, 30.

c) Unterstreiche in a) und b) alle ungeraden Zahlen.

2 <, > oder = ?

a)

18	○	81
36	○	9
52	○	52

b)

63	○	62
26	○	36
62	○	26

c)

75	○	57
57	○	57
75	○	76

d)

48	○	80
0	○	90
88	○	88

3

a)

8 + 56

56 + 8

64 − 8

b)

37 + 23

23 + 37

48 + 35

c)

62 − 9

53 + 9

73 − 27

4

+	5	20	32	27
32				
45				
58				

−	4	30	42	28
89				
74				
62				

L: 20, 32, 32, 34, 37, 42, 44, 46, 47, 50, 52, 58, 59, 59, 61, 63, 64, 65, 70, 72, 77, 78, 85, 85, 90

5

a)

73 − 37

18 + 29

6 + 79

b)

89 − 19

45 + 45

64 − 46

c)

48 + 51

79 − 37

9 + 56

1

25 + ___ = 38	___ − 8 = 72	63 − ___ = 35
73 − ___ = 63	___ + 54 = 90	___ + 9 = 92
36 + ___ = 72	___ − 26 = 44	___ − 14 = 27
82 − ___ = 56	___ + 48 = 85	32 + ___ = 64

2 <, > oder = ?

8 + 71 ◯ 97	74 − 8 ◯ 56	55 ◯ 82 − 27
69 − 7 ◯ 62	29 + 19 ◯ 50	76 ◯ 43 + 24
88 + 8 ◯ 95	86 − 56 ◯ 30	67 ◯ 25 + 44
90 − 32 ◯ 62	37 + 46 ◯ 81	0 ◯ 99 − 98

3

− 25

50	
68	
82	
26	

+ 28

6	
72	
11	
39	

− 9

81	
	21
70	
	38

+ 30

57	
	99
0	
	72

4 Tim hat ein Spiel zum Sonderpreis von 19 Euro gekauft. Es sollte vorher 38 Euro kosten. Wie viel Geld hat er gespart?

5 Löse die Zahlenrätsel!

Wenn ich zu meiner Zahl 38 dazuzähle, erhalte ich 72. Laura

Meine Zahl ist die Hälfte von 64. Lucas

Wenn ich meine Zahl um 9 verringere, erhalte ich 35. Nina

Malnehmen

1 Verdopple und rechne!

	+		=	
	·		=	

2 Immer dreimal so viele. Male und rechne!

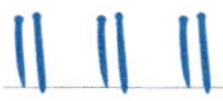

2	+	2	+	2	=		
	+		+		=		
	+		+		=		
	+		+		=		
	+		+		=		

3	·	2	=		
	·		=		
	·		=		
	·		=		
	·		=		

3 Rechne!

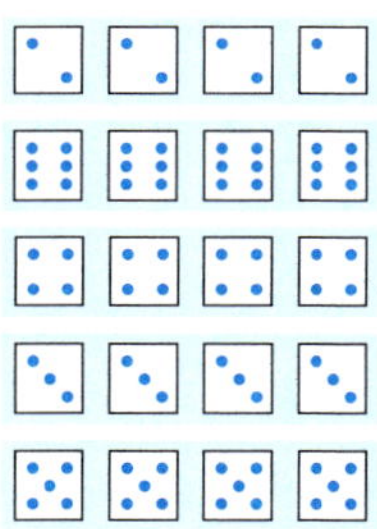

	+		+		+		=		
	+		+		+		=		
	+		+		+		=		
	+		+		+		=		
	+		+		+		=		

	·		=		
	·		=		
	·		=		
	·		=		
	·		=		

4 Male und rechne!

2	·	6						
6	·	2						

4	·	5						
5	·	4						

5	·	2						
2	·	5						

Malnehmen

1 Bilde Malaufgaben und rechne!

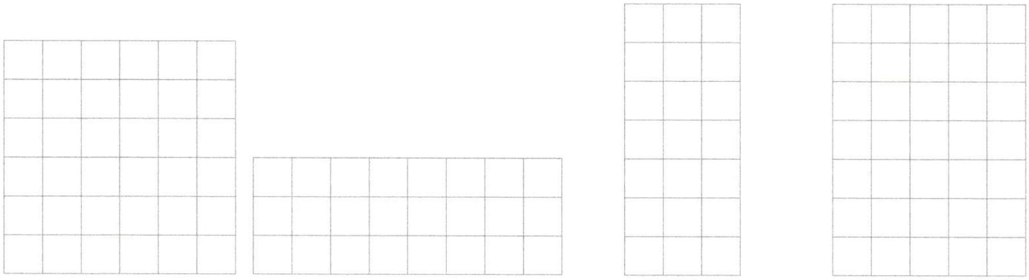

	·		=		

	·		=		

	·		=		

	·		=		

2 Baue nach! Bilde Malaufgaben und rechne!

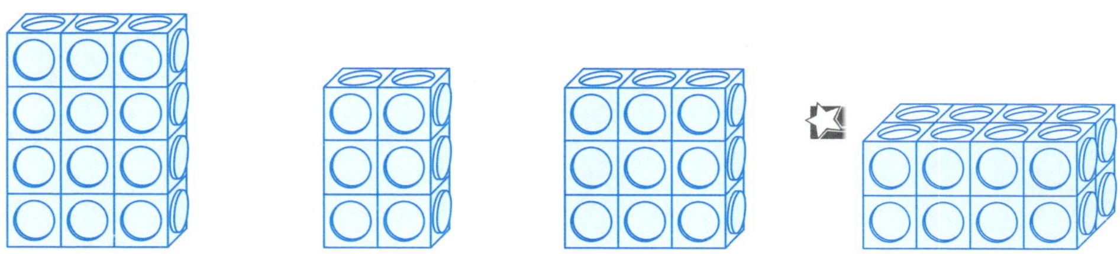

3 Lege und rechne!

a)

		2	+	2	+	2	=		
4	+	4	+	4	+	4	=		
		3	+	3	+	3	=		
				7	+	7	=		
		5	+	5	+	5	=		

b)

3	·	2	=		
2	·	6	=		
2	·	3	=		
4	·	1	=		
2	·	9	=		

c)

7	·	3	=		
4	·	6	=		
8	·	3	=		
1	·	9	=		
5	·	5	=		

4 Lege und rechne!

3	·	5 ct	=			ct	

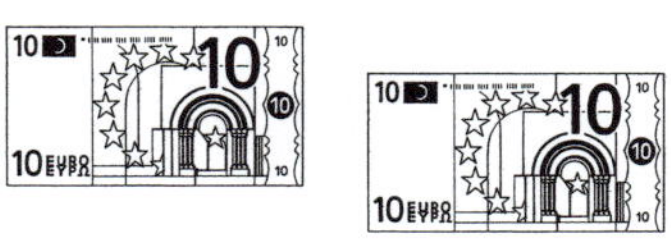

	·			€	=			€

Teilen: Im Garten

1 Für wie viele Löcher reichen 20 Bohnen? Male!

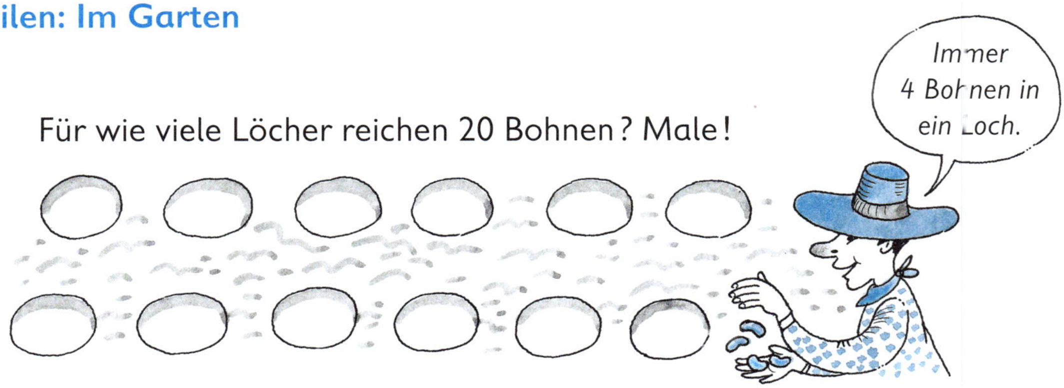

Antwort: ______________________________

2 Für wie viele Löcher reichen 24 Erbsen? Male!

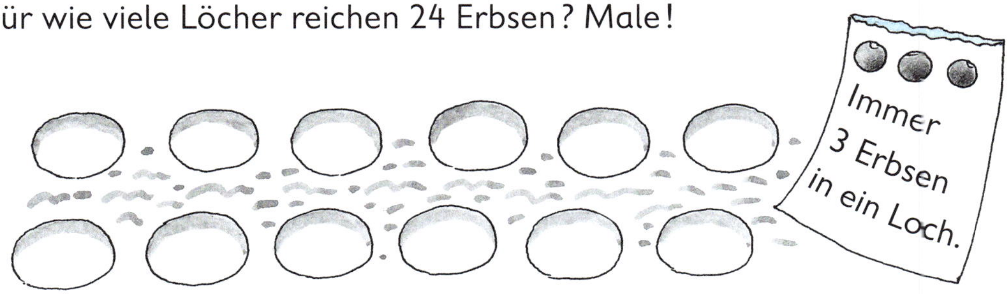

Antwort: ______________________________

3 Für wie viele Reihen reichen 15 Kohlpflanzen? Male!

☐ Reihen

4

2	7	+		9						8	4	−	2	9			
3	2	−	1	7						9	1	−	4	2			

L: 15, 26, 36, 49, 55

1 Verteile gerecht an vier Kinder!
Wie viel Euro bekommt ein Kind?

Jedes Kind erhält ☐ Euro.

2 Verteile die Knöpfe gleichmäßig auf die Jacken!
Wie viele Knöpfe kommen an jede Jacke?

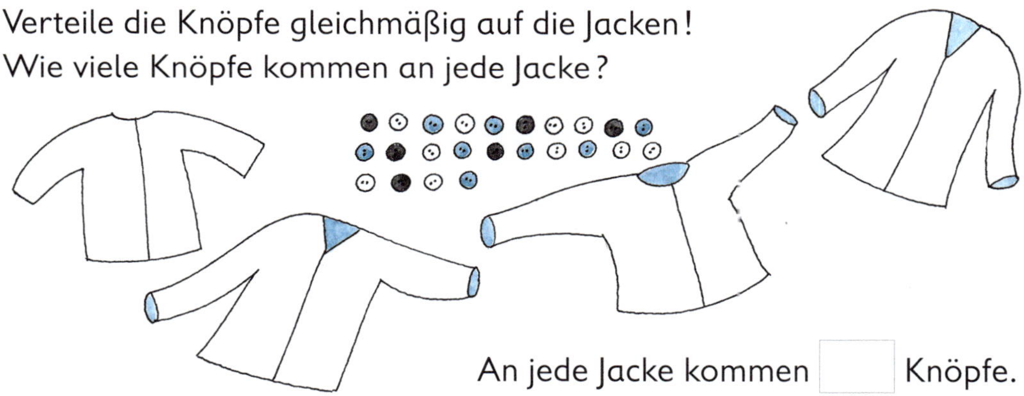

An jede Jacke kommen ☐ Knöpfe.

3 Ordne den Bildern die passenden Aufgaben zu! Rechne!

16 : 4	12 : 4	15 : 3	6 : 2

4 Lege, teile und rechne!

a) 25 : 5 =
12 : 3 =

b) 18 : 2 =
10 : 5 =

c) 8 : 4 =
6 : 3 =

Gerade, Strecken, Punkte

1 Zeichne freihand!

a)

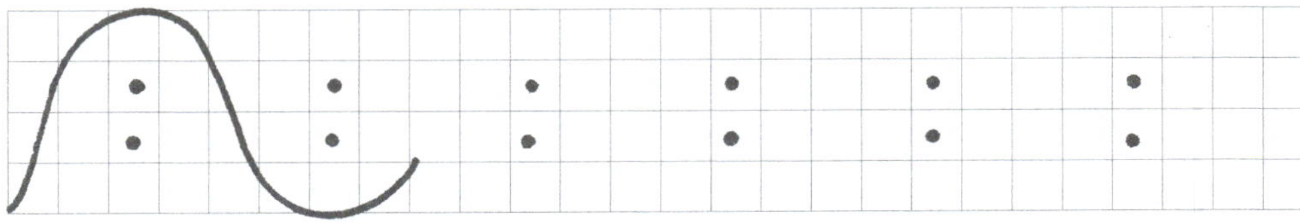

b)

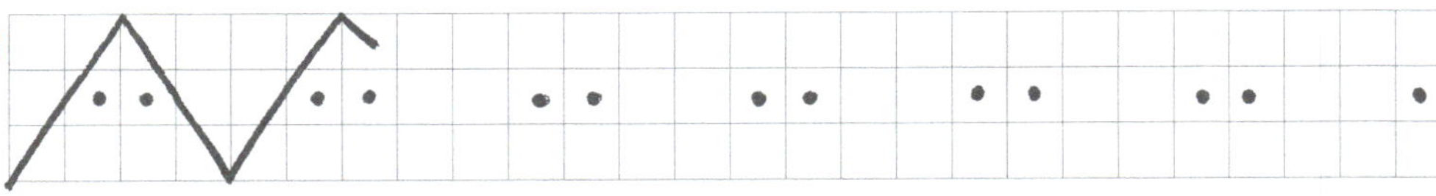

c)

2 Verbinde immer 4 Punkte mit geraden Linien so, dass Quadrate entstehen!
Zeichne verschieden große Quadrate!

3 a) Zeichne zu jeder Strecke eine senkrechte Linie!

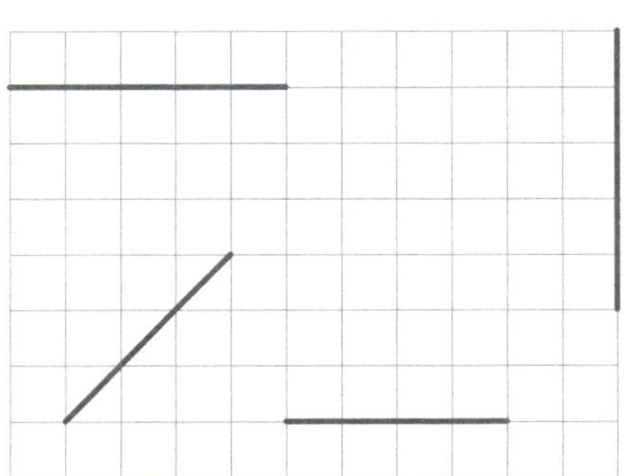

b) Zeichne zu jeder Strecke zwei parallele Strecken!

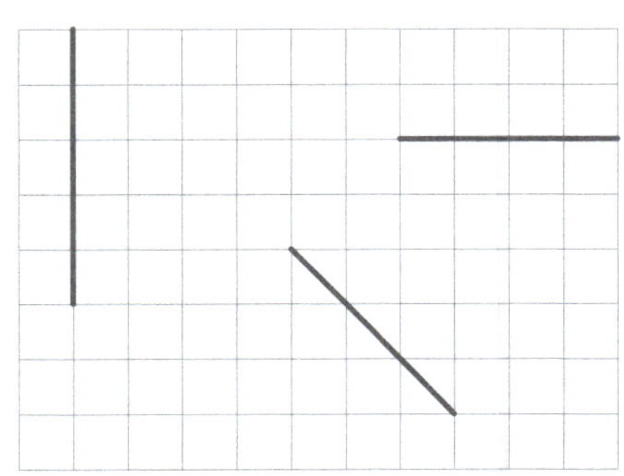

Multiplizieren mit 2

1 Verdopple!

2 · __ = __   __ · __ = __   __ · __ = __   __ · __ = __

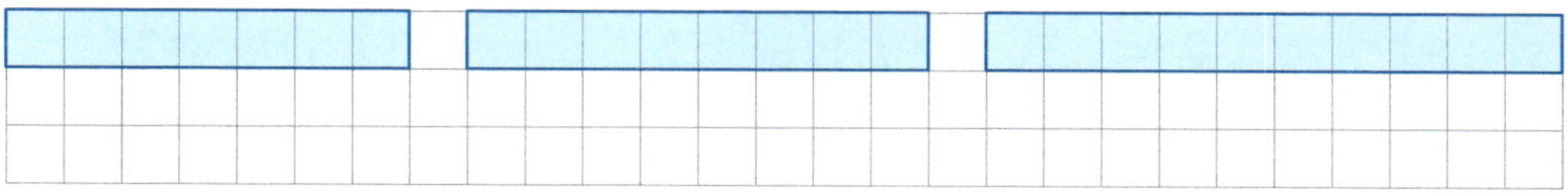

2 · __ = __   __ · __ = __   __ · __ = __

2 Verdopple immer und rechne!

1 · 2	3 · 2	4 · 2	5 · 2
·	·	·	·

3 Bilde Nachbaraufgaben und rechne!

8 · 2 =	· =	· =	· =
9 · 2 =	6 · 2 =	3 · 2 =	1 · 2 =
10 · 2 =	· =	· =	· =

4 Bilde Tauschaufgaben und rechne!

3 · 2 =	5 · 2 =	7 · 2 =	9 · 2 =
2 · 3 =	· =	· =	· =

5

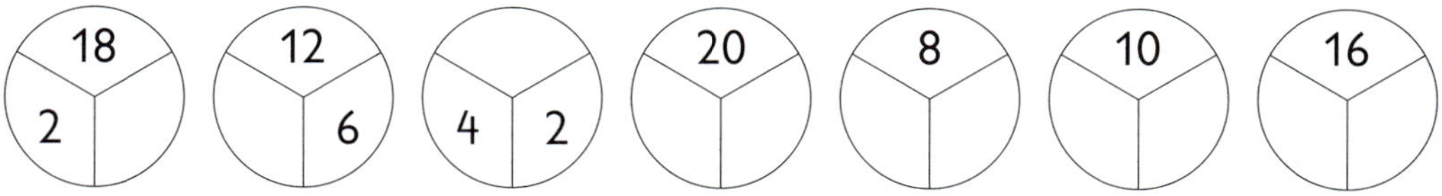

Multiplizieren und Dividieren mit 2

1 Halbiere: 10, 20, 8, 16, 6, 18, 12, 14, 4!

10 : =	: =	: =
20 : =	: =	: =
8 : =	: =	: =

2 Bilde Umkehraufgaben und rechne!

a)

8	:	2	=	
	·	2	=	
2	·		=	

b)

18	:	2
	·	
	·	

c)

14	:	2
	·	
	·	

d)

12	:	2
	·	
	·	

e)

16	:	2
	·	
	·	

f)

20	:	2
	·	
	·	

3

18 / 2, 9	12 / 2, 6	14 / 2, 7
2 · 9 =	· =	· =
· =	· =	· =
: =	: =	: =
: =	: =	: =

4 Kreuze Geldbeträge mit geraden Zahlen an!

5

7 · 2	10 · 2	20 · 2
9 · 2	6 · 3	8 · 2

L: 14, 16, 18, 18, 20, 22, 40

0 50

Multiplizieren und Dividieren mit 10, 5, 0

1

a)  · 3 → ☐ € ☐ € ☐ €

5	€	·	3	=			€

b) 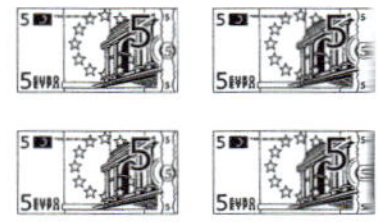 : 4 → ☐ €

2	0	€	:	4	=		€

c)  · 10 → ☐ € ☐ €

4	€	·	1	0	=			€

d) 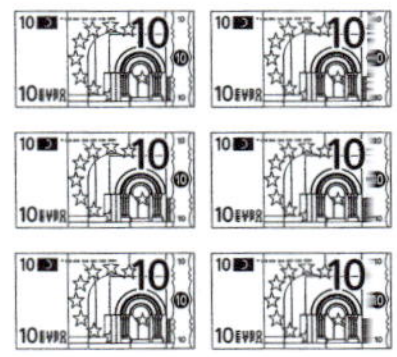 : 10 → ☐ € ◯ €

6	0	€	:	1	0	=		€

2 Rechne und ergänze!

·	5	10
3		
8		
5		
4		
10		

·	5	10
7		
2		
9		
0		
6		

3 Rechne!

3	5	:		5		
7	0	:	1	0		
1	5	:		5		
3	0	:	1	0		
4	5	:		5		
9	0	:	1	0		

4 Zerlege 8 · 5 auf unterschiedliche Weise!

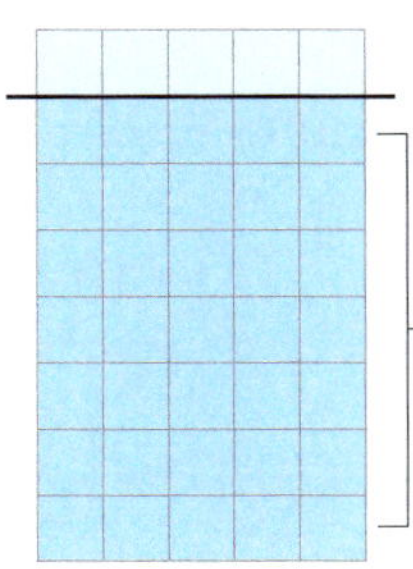

1 · 5

7 · 5

1	·	5	=					3	·	5	=		
7	·	5	=						·	5	=		
2	·	5	=						·	5	=		
	·	5	=						·	5	=		

5 Setze die fehlenden Zahlen ein!

a)

		·	5	=	3	5	
3	5	:	7	=			

b)

		·	5	=	2	5	
2	5	:		=			

c)

		·	1	0	=	6	0
		:			=		

1 Immer vier Aufgaben für jedes Haus!

30 / 5 / 6				
	·		=	
	·		=	
	:		=	
	:		=	

60 / 10 / 6				
	·		=	
	·		=	
	:		=	
	:		=	

35 / 5 / 7				
	·		=	
	·		=	
	:		=	
	:		=	

2

5 €

1	5 €
2	€
4	€
8	€

5 €

	25 €
	35 €
	0 €
	10 €

10 €

4	€
	100 €
	70 €
0	€

3 Rechne mit der Rechenuhr!

Start 15 → + 5 → ☐ → : 5 → ☐ → + 5 → ☐ → · 5 → ☐ → − 42 → ☐ → · 5 → (15)

Start 8 → · 10 → ☐ → − 10 → ☐ → : 10 → ☐ → + 10 → ☐ → + 63 → ☐ → : 10 → (8)

0 50

Multiplizieren und Dividieren mit 2, 4, 8

1 Ordne den Bildern die passende Aufgabe zu! Rechne!

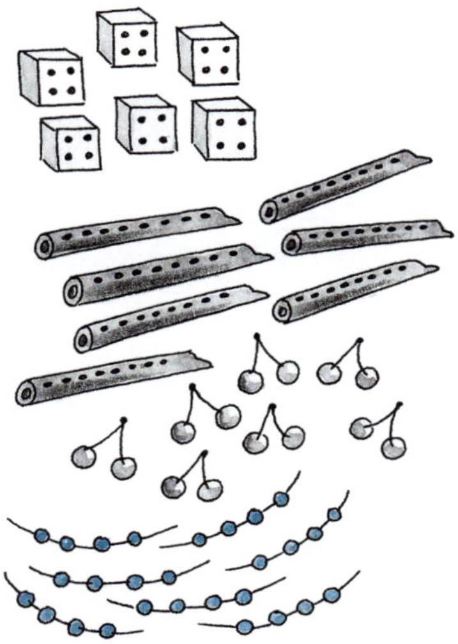

6	·	4	=		
7	·	4	=		
7	·	8	=		
4	·	4	=		
3	·	8	=		
5	·	2	=		
4	·	8	=		
7	·	2	=		

2 a)

	·	4	=		8
1	·		=		2
	·	7	=	2	8
	·	5	=	1	0
8	·		=	2	4

b)

2	0	:		=	5
1	2	:		=	6
		:	8	=	4
		:	4	=	4
4	0	:		=	5

c)

	9	·		=	3	6
2	4	:		=		3
		·	4	=	4	0
		:	8	=		1
5	6	:		=		7

L: 2, 2, 2, 2, 3, 4, 4, 4, 8, 8, 8, 8, 10, 16, 27, 32

3

6	·	4	cm							8	·	2	cm							
6	·	8	cm							8	·	4	cm							
6	·	2	cm							8	·	8	cm							

4

: 2

18	
20	
14	

: 4

	9
	10
	7

: 8

72	
	10
56	

: 5

40	
	7
45	

· 8

	64
	48
	0

Multiplizieren und Dividieren mit 2, 4, 8

1 Bilde immer drei Aufgaben mit einem Rechenmuster!

a)

	4	:	2	=	
	8	:	2	=	
1	6	:	2	=	

b)

	8	:	4		
1	6	:	4		
3	2	:	4		

c)

1	6	:	4		

d)

2	4	:	8		
1	2	:	4		

2 Bilde Umkehraufgaben und rechne dann!

a)

	3	·	4	=		
		:	4	=		
		:	3	=		

b)

	6	·	8	=		

c)

	9	·	4	=		

3 Ergänze! Was fällt dir auf?

a)

	1	+		3	+		5	+		7	=			=		·	8	=		
	3	+		5	+		7	+		9	=			=		·	8	=		
	5	+		7	+		9	+	1	1	=			=		·	8	=		
	7	+		9	+	1	1	+	1	3	=			=		·	8	=		

b)

	2	+		4	+		6	+		8	=			=		·	4	=		
	4	+		6	+		8	+	1	0	=			=		·	4	=		

4

a)

7	·	2			
7	·	4			
7	·	8			
7	·	5			
7	·	0			

b)

1	0	:	2		
2	0	:	4		
4	0	:	8		
6	4	:	8		
	0	:	2		

c)

7	2	:		=		8
	8	·	4	=		
5	4	:		=		6
	6	·		=	2	4
3	6	:		=		9

L: 0, 0, 4, 4, 5, 5, 5, 8, 9, 9, 14, 16, 28, 32, 35, 56

Multiplizieren und Dividieren mit 3, 6, 9

1 a) Setze fort!

3	6	9						27
6	12	18						
9	18	27						

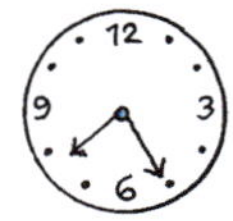

b) Unterstreiche alle geraden Zahlen!
Treten häufiger gerade oder ungerade Zahlen auf? Erkläre!

2 Bilde zu jeder Figur Malaufgaben! Rechne!

a)

	·		=	
	·		=	

b)

	·		=	
	·		=	

c)

	·		=	
	·		=	

3 Male immer eine Hälfte einer Figur aus!
Schreibe dazu passende Geteilt- und Malaufgaben und rechne!

a)

		:		=	
		·		=	

b)

		:		=	
		·		=	

c)

		:		=	
		·		=	

4

7 · 9		7 · 6		9 · 3		5 · 9
9 · 7		6 · 7		3 · 9		9 · 5

0 50

1 Rechne! Kontrolliere mit einer Malaufgabe!

72 : 9 =	45 : 9	18 : 9
· =		
42 : 6	18 : 6	36 : 6
18 : 3	27 : 3	0 : 6

2 <, > oder = ?

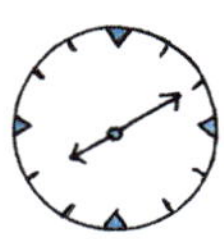

12 : 6	18 : 9	8 · 9	100 − 8
24 : 3	24 : 6	5 · 6	10 · 3
36 : 9	30 : 3	1 · 6	3 · 3
21 : 3	42 : 6	7 · 9	8 · 8
42 : 6	45 : 9	4 · 6	90 − 6

3 Zerlege! Du kannst dazu auch das Hunderterfeld nutzen!

9 · 6 =	8 · 3 =	10 · 6 =
1 · 6	1 · 3	1 · 6
8 · 6	7 · 3	9 · 6
2 · 6		
7 · 6		
3 · 6		
6 · 6		
4 · 6		
5 · 6		

Multiplizieren und Dividieren mit 7

1 Bilde zu jeder Figur Malaufgaben! Rechne!

a)

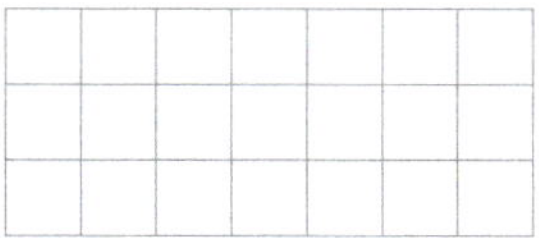

☐ · ☐ = ☐☐
☐ · ☐ = ☐☐

b)

☐ · ☐ = ☐☐
☐ · ☐ = ☐☐

c)

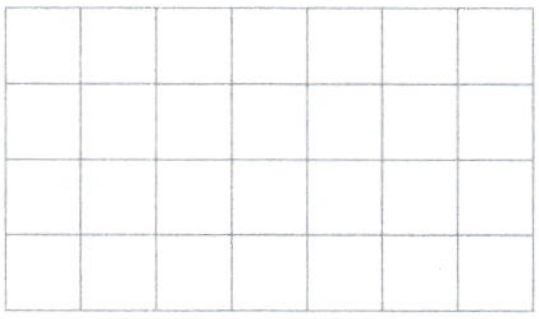

☐ · ☐ = ☐☐
☐ · ☐ = ☐☐

2

28 —(: 7)→ ☐ —(· 7)→ 28

63 —(: 7)→ ☐ —(· 7)→ 63

42 —(: 7)→ ☐ —(· 7)→ 42

35 —(: 7)→ ☐ —(· 7)→ 35

3

· 7	
9	
4	
	42
0	
	70
	35
8	

: 7	
7	
56	
	5
14	
	3
28	
	0

· 4	
5	
2	
	24
	0
3	
6	
	32

: 3	
24	
12	
	7
0	
9	
	4
	5

4 ☆

7 · ☐ < 15
☐ = ☐☐☐☐☐

7 · ☐ < 39
☐ = ☐☐☐☐☐

7 · ☐ < 20
☐ = ☐☐☐☐☐

7 · ☐ < 8
☐ = ☐☐☐☐☐

3 · ☐ < 16
☐ = ☐☐☐☐☐

4 · ☐ < 25
☐ = ☐☐☐☐☐

Aufgaben des kleinen 1x1

1

8 · 7	9 · 8	0 · 6
7 · 8	8 · 9	6 · 0
6 · 8	8 · 4	8 · 8
8 · 6	4 · 8	9 · 9
4 · 6	5 · 7	7 · 7
6 · 4	7 · 5	6 · 6

2

42 : 7	32 : 4	54 : 6
42 : 6	32 : 8	56 : 7
45 : 9	35 : 5	0 : 8
48 : 8	36 : 6	54 : 9
45 : 5	35 : 7	50 : 10

L: 0, 4, 5, 5, 5, 5, 6, 6, 6, 6, 7, 7, 8, 8, 9, 9

3 Ergänze!

·	5	4	6	8	3	5	7	9
4								
7								
1								
9								
0								
8								

4

Erfindet auch solche Reime zu euren schwierigen Malaufgaben! Schreibt sie für eure Pinnwand auf!

Der Kalender

1

Oktober						
Woche	**41**	**42**	**43**	**44**	**45**	**46**
Montag		3	10	17	24	31
Dienstag		4	11	18	25	
Mittwoch		5	12	19	26	
Donnerstag		6	13	20	27	
Freitag		7	14	21	28	
Samstag	1	8	15	22	29	
Sonntag	2	9	16	23	30	

a) Erkunde Lisas Geburtstagsmonat!

b) Wie viele Tage hat dieser Monat?

Tage: ____

c) An welchem Wochentag beginnt er?

____

d) Am 13.10. hat Lisa Geburtstag. Welcher Wochentag ist das?

____

2 a) Mein Geburtstagsmonat ist der ______________________.

b) Ergänze dein Monatsblatt für das Jahr ____ !

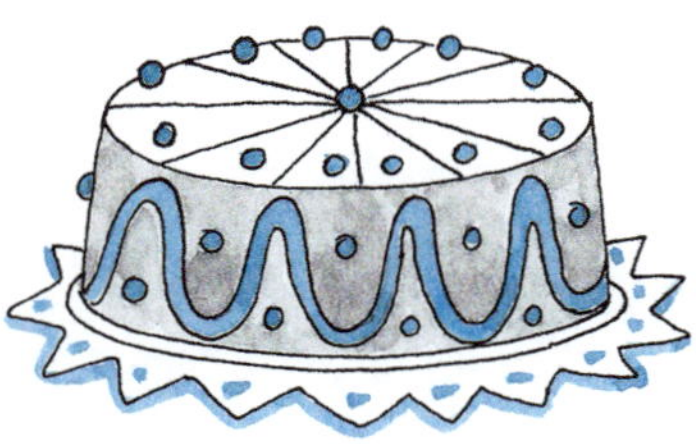

Mo	Di	Mi	Do	Fr	Sa	So

c) Ergänze den Text!

Ich habe am ____ Geburtstag. Der Sonnabend nach meinem Geburtstag ist der ____ 2 0 __ .

Von heute bis zum Geburtstag sind es noch ____ Tage oder etwa ____ Wochen.

3 Stellt euch gegenseitig Fragen zum Geburtstagsmonat eures Nachbarn oder Nachbarin!
Antwortet dazu auch im Wechsel!

Der Kalender

1 Ergänze die Namen der Wochentage, wenn der 1. Tag im Monat ein Freitag ist!

1. *Freitag* 9. ______ 18. ______

24. ______ 28. ______ 30. *Samstag*

2 Erkunde die Geburtstage in deiner Familie oder von Freunden!

Wer?	Wann ist der Geburtstag?	Welcher Wochentag ist das?	Wie viele Tage hat dieser Monat?

3 Ergänze!

Tage	14			63	42	
Wochen		7	5			0

Tage		70	0			7
Wochen	4			3	8	

Tage						
Wochen						

4 Aus welchem Jahr könnte dieses Kalenderblatt sein?

Dezember

Mo	Di	Mi	Do	Fr	Sa	So
	1	2	3	4	5	6
7	8	9	10	11	12	13
14	15	16	17	18	19	20
21	22	23	24	25	26	27
28	29	30	31			

______

Multiplizieren und Dividieren bis 100

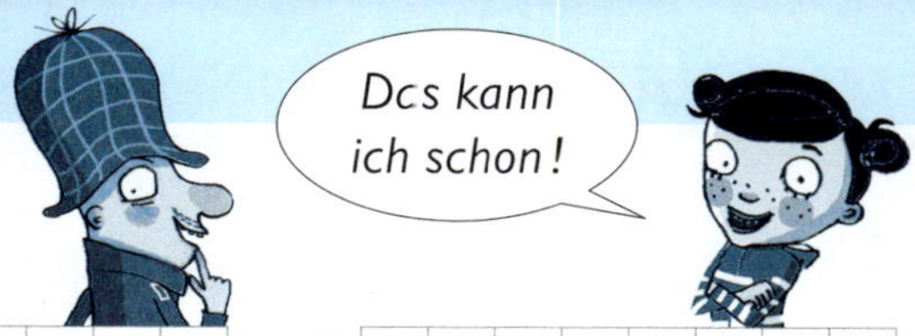

1

a)
- 7 · 9
- 6 · 9
- 5 · 9
- 4 · 9

b)
- 4 · 8
- 8 · 6
- 3 · 5
- 4 · 7

c)
- 10 · 7
- 9 · 0
- 6 · 1
- 0 · 4

L: 0, 0, 6, 10, 15, 28, 32, 36, 45, 48, 54, 63, 70

2

a)
- 21 : 7
- 28 : 7
- 35 : 5
- 42 : 6

b)
- 81 : 9
- 56 : 7
- 48 : 8
- 24 : 6

c)
- 80 : 10
- 9 : 9
- 10 : 1
- 0 : 7

L: 0, 1, 2, 3, 4, 4, 6, 7, 7, 8, 8, 9, 10

3

a)
- 6 · 8
- 48 : 6
- 5 · 8
- 48 : 8
- 8 · 6

b)
- 72 : 8
- 9 · 8
- 72 : 9
- 81 : 9
- 8 · 9

c)
- 6 · 4
- 24 : 8
- 4 · 6
- 24 : 4
- 24 : 3

4 Schreibe nur die ungeraden Ergebnisse der Malfolge der 7 auf!

5 Rechne so schnell du kannst! Zeit: _____ min

a)
- 32 : 8
- 6 · 7
- 24 : 3
- 5 · 4
- 63 : 9

b)
- 7 · 3
- 8 · 6
- 27 : 3
- 0 · 6
- 18 : 6

c)
- 60 : 6
- 7 · 8
- 10 · 9
- 12 : 3
- 4 · 9

0 50

1

a)

3	·		=	2	4
	·	6	=	5	4
8	·		=	3	2
	·	7	=		0

b)

4	9	:		=	7
		:	3	=	5
1	8	:		=	9
		:	7	=	4

c)

		·	9	=		9
		:	4	=	1	0
	7	·		=	5	6
	8	:		=		1

2 <, > oder = ?

a)

4	·	8	○	4	0
8	·	5	○	4	0
6	·	8	○	4	0

b)

6	·		<	3	7
8	·		>	3	9
	·	4	<	1	9

c)

1	6	:		<	8
3	6	:		>	4
		:	7	<	9

3

a) · 4

6	
	16
0	
	4

b) : 8

32	
	8
8	
	7

c) · 9

8	
	45
4	
	63

d) : 7

28	
	0
42	
	10

4 Male die Zahlen farbig, mit denen du zuerst rechnest!

a)

2	+	4	·	5			
3	·	6	−	6			
8	+	2	·	9			
8	+	8	:	2			

b)

2	7	:	3	+	8			
3	2	−	9	:	3			
9	+	7	2	:	9			
5	·	7	−	3	1			

c)

6	·	2	+	4			
6	+	2	·	4			
6	:	2	+	4			
4	−	6	:	2			

5 Schneewittchen hat 21 Brötchen für die sieben Zwerge gebacken. Wie viele Brötchen könnte jeder Zwerg essen?

Würfelexperimente

1 **a)** Würfelt abwechselnd mit zwei Würfeln!
Bildet aus den Augenzahlen zweistellige Zahlen!
Überlegt, wer von den Kindern Recht hat!

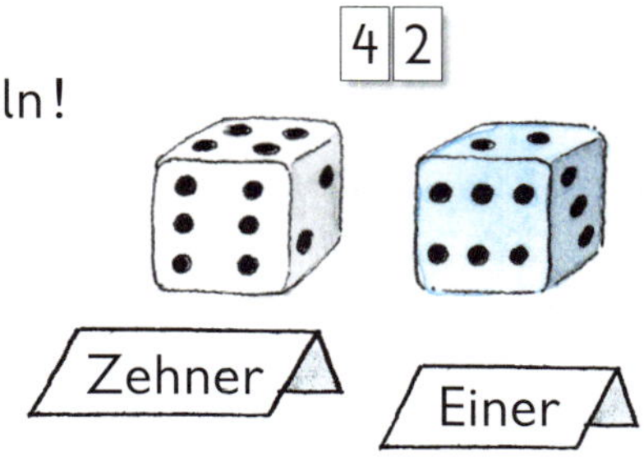

b) Probiert es 20 mal aus! Was stellt ihr fest?
Nutzt dazu die Tabelle!

Versuch	>40	<40
1.	42	
2.		
3.		
4.		
5.		
6.		
7.		
8.		
9.		
10.		

Versuch	>40	<40
11.		
12.		
13.		
14.		
15.		
16.		
17.		
18.		
19.		
20.		

c) Ist das immer so? Begründe deine Meinung!

Symmetrische Figuren

1 Welches ist das richtige Spiegelbild? Kreuze an!

a) 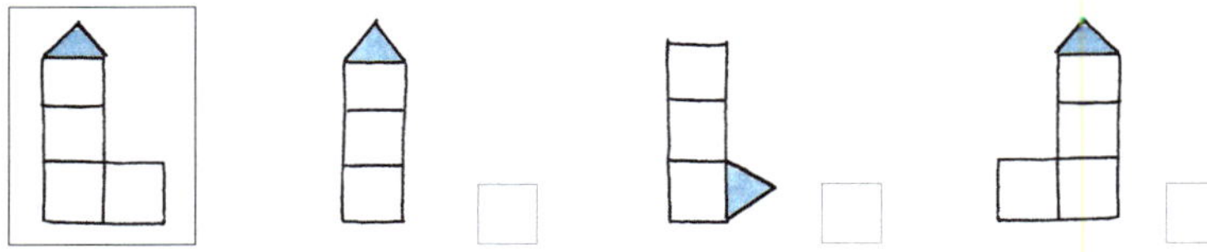

b) 

2 Zeichne zu jeder Figur das Spiegelbild!

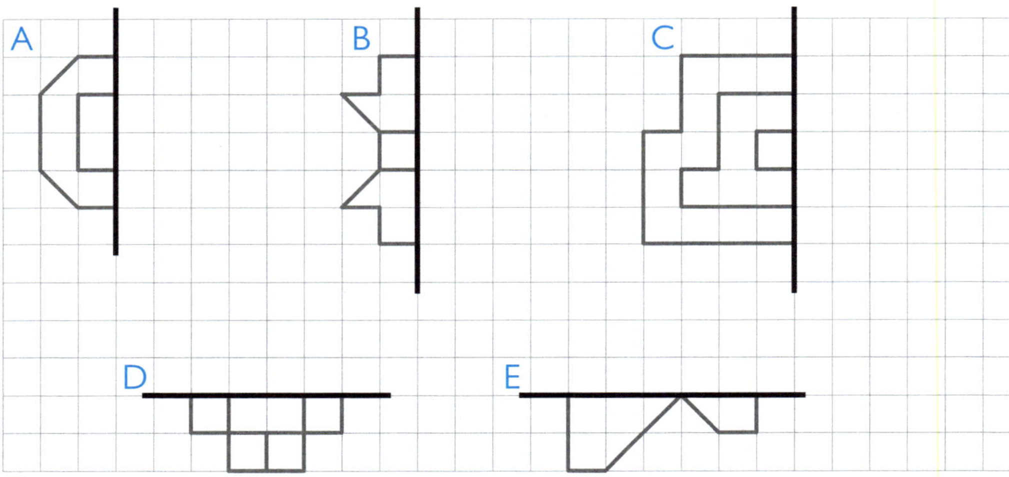

3 Welches Teil musst du jeweils an der Faltkante ausschneiden, wenn das ausgeschnittene Teil aufgeklappt die untere Figur ergeben soll? Zeichne die Schnittlinien ein!

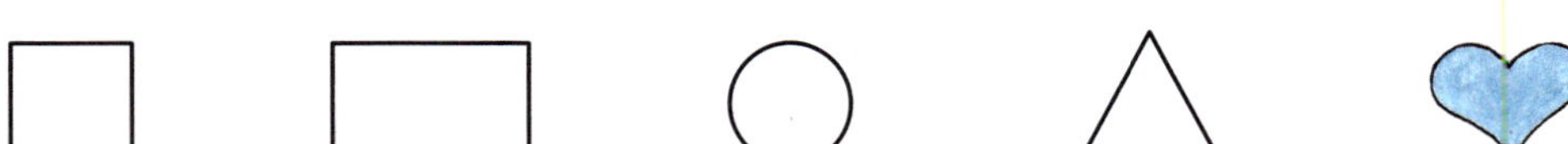

Quadrat | Rechteck | Kreis | Dreieck | Herz